职业教育"十三五"规划教材
高职高专物联网技术专业规划教材——项目/任务驱动模式

ZigBee 网络组建技术

李文华 编著

电子工业出版社
Publishing House of Electronics Industry
北京·BEIJING

内容简介

本书选用了 11 个基于 ZigBee 协议栈应用开发的实例,按照"突出应用,理论够用"的原则,采取项目化教学的方式,以作品制作为载体,采用在作品制作过程中穿插讲解基础知识和基本技能的方法,由浅入深地讲解了 ZigBee 无线网络的开发方法,包括开发环境的搭建、协议栈中串口、定时器、NV 存储器的使用方法,单播、广播、组播通信的实现方法,无线网络的管理方法,无线传感网络的组建方法以及 C 程序设计的技巧。

本书立足于应用实践,摒弃了对复杂而深奥的通信协议理论知识的讲解,适用于高等职业院校物联网、电子信息、移动通信、网络及计算机等专业作为无线组网技术课程的教材,也可作为应用型本科和物联网培训班的教材以及从事无线网络组建的工程技术人员学习和参考。

未经许可,不得以任何方式复制或抄袭本书之部分或全部内容。
版权所有,侵权必究。

图书在版编目(CIP)数据

ZigBee 网络组建技术 / 李文华编著. —北京:电子工业出版社,2017.11
ISBN 978-7-121-32936-4

Ⅰ. ①Z… Ⅱ. ①李… Ⅲ. ①无线电通信—传感器—组网技术 Ⅳ. ①TP212

中国版本图书馆 CIP 数据核字(2017)第 258895 号

策划编辑:贺志洪
责任编辑:贺志洪
特约编辑:杨 丽 徐 堃
印　　刷:北京七彩京通数码快印有限公司
装　　订:北京七彩京通数码快印有限公司
出版发行:电子工业出版社
　　　　　北京市海淀区万寿路 173 信箱　邮编 100036
开　　本:787×1092 1/16　印张:15.5　字数:397 千字
版　　次:2017 年 11 月第 1 版
印　　次:2021 年 8 月第 6 次印刷
定　　价:38.00 元

凡所购买电子工业出版社图书有缺损问题,请向购买书店调换。若书店售缺,请与本社发行部联系,联系及邮购电话:(010)88254888,88258888。
质量投诉请发邮件至 zlts@phei.com.cn,盗版侵权举报请发邮件至 dbqq@phei.com.cn。
本书咨询联系方式:(010)88254609,hzh@phei.com.cn。

前　言

自物联网被列入国家新兴战略产业以来，物联网在我国受到了极大的关注，应时代发展的要求，许多高校相继开设了物联网专业。然而物联网是一个新兴专业，涉及计算机、通信、电子等多个学科领域，其固有的综合性、复杂性、多样性，对教学（师资力量、实践条件、教学环境等）带来了直接而现实的挑战，广大应用型本科和高职院校急需一套既涵盖物联网的基本知识又突出实践应用的教材。鉴于这种现状以及培养高素质技术型专门人才的现实需要，我们在浙江省优势专业的建设过程中，与上海、杭州、无锡等地企业开展了广泛而深入的合作，认真分析了物联网专业的岗位能力要求，与杭州哲嘉科技有限公司联合编写了本书。本书具有以下特点：

1. 按项目构建课程内容，用实例组织单元教学

本书分为 11 个项目，包括搭建开发环境、在协议栈中控制 LED 闪烁、用事件驱动处理串口接收数据、用回调函数处理串口接收数据、用计算机控制终端节点上的 LED、分组传输数据、用 NV 存储器保存数据、显示节点的地址、制作防盗监测器、制作光照信息采集器、制作温湿度采集器，用 11 个项目讲解了 ZigBee 无线网络的开发过程、设计方法和基本技能。全书按项目编排，组建 ZigBee 无线网络所需要的基本知识和基本技能穿插在各个任务的完成过程中进行讲解，每一个任务只讲解完成本任务所需要的基本知识、基本方法和基本技能，从而将知识化整为零，降低了学习的难度。

2. 融"教、学、做"于一体，突出了教材的实践性

书中的每一个项目都是按照以下方式组织编排的：①任务要求，②相关知识，③实现方法与步骤，④程序分析，⑤实践拓展，⑥实践总结。其中，"任务要求"主要介绍做什么和做到什么程度，是读者实践时的目标要求，后续部分都是围绕着任务的实现而展开的。"相关知识"部分主要介绍 ZigBee 无线网络中的一些基本概念、ZStack 中所提供的有关函数及其用法、传感器的应用特性及其用法，这一部分供读者在完成任务前阅读之用，也是

本任务完成后所要掌握的基本知识。"实现方法与步骤"主要介绍怎么做，这一部分详细地讲解了本项目的实施过程，包括电路的搭建、程序的编写、程序的编译下载等几部分，读者按照书中所介绍的方法和步骤逐步实施，就可以实现任务要求，这一部分是读者实践时必须亲手做的事情。"程序分析"部分主要介绍了为什么要这样做，这一部分详细地讲解了程序设计的思路、原则和方法。"实践拓展"和"实践总结"主要是进行知识和技能的梳理与总结，并适当进行拓展。

3．校企联合打造，内容反映了企业的需求，突出了教材的实用性和实效性

一方面，杭州哲嘉科技有限公司的方勇军博士直接参与了本书的规划和内容的制订。另一方面，本书的作者是 ZigBee 网络组建技术课程的任课教师，曾为企业开发过智能家居系统、智能商铺系统等多个物联网应用项目。本书的内容来源于实际产品，反映了工程上的实际需求。

4．提供了配套的实训平台，避免了教材与实训系统的相互脱节

ZigBee 网络组建技术是一门实践性非常强的课程，除了要进行课堂学习之外，还需要强有力的实践性环节与之配合。因此，我们研制并推出了 MFIoT 实训平台及相关的实训模块，包括 ZigBee 网络模块、CC-Debug 仿真器、相关传感器模块以及智能网关、云平台等。其中，ZigBee 网络模块、CC-Debug 仿真器和传感器模块与本书配套，避免了以往出现的教材与实训系统相互脱节的情况，真正做到课堂内外相互统一。如果使用本书的院校在准备器

件时有困难，可以与作者联系（E-mail: lizhuqing_123@163.com），也可以到淘宝店（https://shop 359792577.taobao.com/）购买。

5．提供了丰富的教学资源，方便教师备课和读者学习

本书提供了 6 种教学资源：11 个项目的源程序文件；ZigBee 网络模块的电路图；书中所有芯片和传感器的 PDF 文档；书中所有习题的解答；ZigBee 网络开发中的常用工具软件；近 2 年全国物联网大赛试题。其中，各任务的源程序供读者学习前观察任务的实现效果之用，也作学习借鉴之用，各芯片和传感器的 PDF 文档供读者学习查阅之用，常用的工具软件可以节省读者收集开发工具的时间。所有资源可直接从电子工业出版社教材服务网站上（www.hxedu.com.cn）下载，也可以与作者联系。

在使用本书时，建议采用"教、学、做"一体化的方式组织教学，最好是在具有实物投影的实训室内组织教学。教学时，建议先将书中提供的程序下载至 ZigBee 模块运行中，让学生观看实际效果并体会任务要求的真实含义，激发学生的学习兴趣。然后引导学生边做边学，直至任务的完成，让学生在做中体会和总结 ZigBee 网络的开发技术。本书的项目 1 是开发环境的搭建项目，这一部分是后续项目实施的基础，项目 2 至项目

8 是 ZStack 的基本应用项目，包括协议栈中单片机的功能部件的使用、协议栈的配置修改、用协议栈组建网络、网络的管理、数据通信的实现等，项目 9 至项目 11 是无线传感网络项目。另外，本书涉及大量代码，因此，为了使正文中的描述与代码等一致，全书物理量统一为正体。

本书是浙江工贸职业技术学院省级优势专业的建设成果之一。在本书成稿的过程中，曾得到了许多同仁和朋友的帮助和支持。杭州哲嘉科技有限公司的方勇军博士参与了本书的规划和内容的制订，浙江工贸职业技术学院的孙平教授对本书的编写进行了深入指导，长江大学的徐爱钧教授、湖北第二师范学院的焦启民教授、深圳职业技术学院的王晓春教授、广东科技职业技术学院的余爱民教授、武汉铁道职业技术学院的郑毛祥教授、嘉兴职业技术学院的桑世庆副教授、浙江工贸职业技术学院的金慧峰副教授、长江职业技术学院的邓柳副教授等多位老师对本书的编写提出了许多积极宝贵的意见，并给予极大的关心和支持。感谢电子工业出版社的编辑为本书出版所做的辛勤工作，没有他们就没有这本书的出版，谨此表示感谢！

尽管我们在本书的编写方面做了许多努力，但由于作者的水平有限，加之时间紧迫，错误不当之处在所难免，恳请各位读者批评指正，并将意见和建议及时反馈给我们，以便下次修订时改进。

编　者

2017 年 6 月

目 录

项目 1　搭建开发环境 1

🎯 任务要求 1
📱 实现方法与步骤 1
 1. 准备开发工具 1
 2. 安装开发工具包 3
 3. 安装仿真器 8
 4. 新建工程 11
 5. 配置工程 15
 6. 编译、连接程序 17
 7. 调试程序 18
 8. 烧录程序 21
📖 实践总结 25
📚 习题 25

项目 2　在协议栈中控制 LED 闪烁 26

🎯 任务要求 26
🧠 相关知识 26
 1. 协议与协议栈 26
 2. ZigBee 网络中的设备 26
 3. 系统事件与用户事件 27
 4. osal_msg_receive（）函数 29
 5. osal_msg_deallocate（）函数 29
 6. osal_start_timerEx（）函数 29
 7. HalLedSet（）函数 30

8. HalLedBlink（）函数 31
　🖥 实现方法与步骤 31
　　1. 准备程序文件 31
　　2. 编写协调器程序 34
　　3. 编制头文件 Coordinator.h 38
　　4. 修改 OSAL_SampleApp.c 文件 39
　　5. 移除 App 组中的多余文件 39
　　6. 编译下载程序 40
　🎯 程序分析 42
　　1. App 组中的文件 42
　　2. Coordinator.c 文件中的代码分析 44
　　3. Coordinator.h 文件中的代码分析 52
　✎ 实践拓展 53
　　1. 在无协调器的条件下运行程序 53
　　2. 在有协调器的条件下运行程序 55
　📓 实践总结 56
　📚 习题 56

项目 3　用事件驱动处理串口接收数据 58

　🎯 任务要求 58
　👤 相关知识 58
　　1. HalUARTOpen（）函数 58
　　2. HalUARTRead（）函数 60
　　3. HalUARTWrite（）函数 60
　　4. osal_set_event（）函数 61
　　5. 端口的概念 61
　🖥 实现方法与步骤 62
　　1. 编制协调器的程序文件 Coordinator.c 62
　　2. 编制程序接口文件 Coordinator.h 64
　　3. 修改 OSAL_SampleApp.c 文件 65
　　4. 程序编译与下载运行 67
　🎯 程序分析 71
　　1. Coordinator.c 文件中的代码分析 71
　　2. OSAL_SampleApp.c 文件中的代码分析 74
　　3. OSAL 工作原理分析 76
　✎ 实践拓展 81
　　用新任务处理串口数据 81
　📓 实践总结 84
　📚 习题 85

项目 4　用回调函数处理串口接收数据 86

◎ 任务要求 86
👤 相关知识 86
　　1. 回调函数 86
　　2. osal_memcmp（）函数 87
　　3. osal_strlen（）函数 87
　　4. osal_memset（）函数 88
🖥 实现方法与步骤 88
　　编制协调器的程序文件 88
🔧 程序分析 91
　　1. Coordinator.c 文件中的代码分析 91
　　2. 串口回调函数的工作原理分析 94
🔍 实践拓展 99
　　查看 ZStack 中串口的配置代码 99
📓 实践总结 103
🏠 习题 103

项目 5　用计算机控制终端节点上的 LED 105

◎ 任务要求 105
👤 相关知识 105
　　1. 数据包与消息 105
　　2. 数据通信的 3 种方式 107
　　3. 设备的地址 108
　　4. AF_DataRequest（）函数 108
🖥 实现方法与步骤 111
　　1. 编制协调器的程序文件 111
　　2. 编制终端节点的程序文件 116
　　3. 程序编译与下载运行 119
🔧 程序分析 123
　　1. Coordinator.c 文件中的代码分析 123
　　2. EndDevice.c 文件中的代码分析 124
🔍 实践拓展 125
　　修改 ZStack 中 LED 的配置 125
📓 实践总结 128
🏠 习题 129

项目 6　分组传输数据 131

◎ 任务要求 131

相关知识 131
    1. 信道 131
    2. PAN ID 132
    3. 组播通信的相关函数 133
    4. 组播通信的实现方法 134
实现方法与步骤 136
    1. 编程思路 136
    2. 编制节点的程序文件 138
    3. 设置 PANID 和信道 144
    4. 程序编译与下载运行 145
程序分析 147
实践总结 149
习题 150

项目 7　用 NV 存储器保存数据 151

任务要求 151
相关知识 151
    1. NV 存储器 151
    2. osal_nv_item_init（）函数 152
    3. osal_nv_read（）函数 153
    4. osal_nv_write（）函数 153
实现方法与步骤 154
    1. 定义用户条目 154
    2. 编制协调器的程序文件 154
程序分析 159
实践拓展 160
    读取节点的 MAC 地址 160
实践总结 162
习题 163

项目 8　显示节点的地址 164

任务要求 164
相关知识 164
    1. 协议栈中地址的分配机制 164
    2. 获取地址的相关函数 166
实现方法与步骤 167
    1. 编制节点的程序文件 168
    2. 编制数值转换的程序文件 171
    3. 新建 User 组 173
    4. 程序的编译与下载运行 175

> 程序分析 177
> 实践拓展 178
>   绘制网络拓扑图 178
> 实践总结 180
> 习题 180

项目 9　制作防盗监测器 181

> 任务要求 181
> 相关知识 181
>   1. 热释电红外传感器的应用特性 181
>   2. 在协议栈中添加传感器驱动程序的方法 184
> 实现方法与步骤 185
>   1. 编制传感器驱动程序文件 185
>   2. 编制协调器的程序文件 187
>   3. 编制终端节点的程序文件 190
>   4. 程序编译与下载运行 193
> 程序分析 194
> 实践总结 196
> 习题 196

项目 10　制作光照信息采集器 198

> 任务要求 198
> 相关知识 198
>   1. 光敏电阻的特性 198
>   2. ZStack 中的 ADC 函数 199
>   3. ZStack 中 ADC 的使用方法 201
> 实现方法与步骤 202
>   1. 编制节点的程序文件 202
>   2. 程序编译与下载运行 205
> 程序分析 206
> 实践总结 207
> 习题 208

项目 11　制作温湿度采集器 209

> 任务要求 209
> 相关知识 209
>   1. MicroWait 宏 209
>   2. DHT11 的工作特性 209

3. DHT11 的访问操作 210
📱 实现方法与步骤 215
　　1. 搭建 DHT11 的控制电路 215
　　2. 编制 DHT11 的驱动程序文件 215
　　3. 编制节点的程序文件 217
　　4. 程序编译与下载运行 223
⭐ 程序分析 224
📔 实践总结 226
📚 习题 226

附录 A　ZigBee 模块原理图 228

附录 B　2016 年全国物联网大赛试题（ZigBee 部分） 230

🎯 试题 1　任务三　物联网感知层开发调试 230
　　一、任务要求 230
　　二、任务环境 230
　　三、任务说明 230
🎯 试题 2　任务三　物联网感知层开发调试 233
　　一、任务要求 233
　　二、任务环境 234
　　三、任务说明 234

项目 1　搭建开发环境

任务要求

安装 IAR 集成开发工具和 ZigBee 协议栈软件等 ZigBee 网络开发工具软件，然后在 IAR 集成开发环境中打开一个工程文件，对工程中的程序文件进行编译连接后下载至 ZigBee 开发板中，利用仿真器跟踪程序运行，在 IAR 中调试程序。

实现方法与步骤

1. 准备开发工具

ZigBee 网络开发工具主要有 IAR 集成开发工具软件、ZStack-CC2530 协议栈程序包、程序烧录软件 SmartRF Flash Programmer、数据包捕获工具 Packet Sniffer、ZigBee 传感网络监视工具 ZigBee Sensor Monitor、CC-Debugger 仿真器驱动程序、串口调试助手 7 个，如图 1-1 所示。这些工具软件中，前 5 个是 TI 公司开发的，可从 TI 公司的网站上下载。CC-Debugger 仿真器驱动程序是本书配套实验平台中仿真器的驱动程序，如果读者所选用的仿真器为其他仿真器，则需将此软件包更换成对应的仿真驱动程序。串口调试助手是免安装的绿色软件，

图 1-1　ZigBee 开发工具

一般的单片机开发人员手中都有此工具软件。

需要注意的是，在选择 IAR 集成开发工具软件与 ZStack-CC2530 协议栈程序包时，两者的版本要相匹配，否则在程序编译时会出现一些错误。本书中所用的 ZStack-CC2530 协议栈程序包为 ZStack-CC2530-2.5.1a，即 2.5.1a 版的协议栈，其对应的 IAR 集成开发工具软件是 EW8051-EV-8103-Web，读者可从网上下载，也可以找出版社或者作者索取。

收集到这些工具包后，需要将这些工具包解压，然后在计算机中安装这些工具包。解压这些工具包的一种简单方法如下：

（1）将所有工具包存放至同一个文件夹中，例如存放到"E:\ZigBee 开发工具"中，如图 1-1 所示。

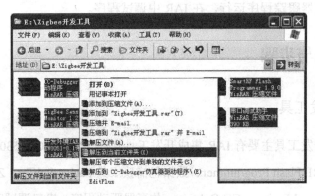

图 1-2 解压文件

（2）选中文件夹中的所有压缩文件，然后右击其中某个选中的文件，在弹出的快捷菜单中选择"解压到当前文件夹"菜单项，如图 1-2 所示。Windows 就会用 WinRAR 工具软件将所选择的压缩文件解压至当前文件夹下，解压后的文件如图 1-3 所示。

图 1-3 解压后的文件

2. 安装开发工具包

（1）安装 IAR 集成开发工具软件

IAR 集成开发工具软件为 IAR Embedded Workbench，安装 IAR Embedded Workbench 的操作步骤如下：

第 1 步：打开 "E:\ZigBee 开发工具\IAR EW8051 V8.1" 文件夹，然后双击 EW8051-EV-8103-Web 文件图标✖，打开图 1-4 所示安装向导的欢迎对话框。

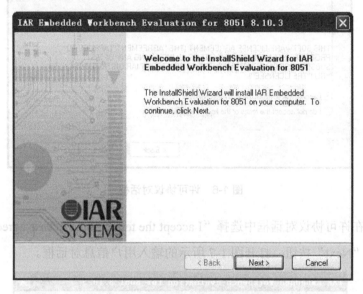

图 1-4　IAR 安装向导的欢迎对话框

第 2 步：在欢迎对话框中单击 "Next" 按钮，打开如图 1-5 所示的在线注册对话框。

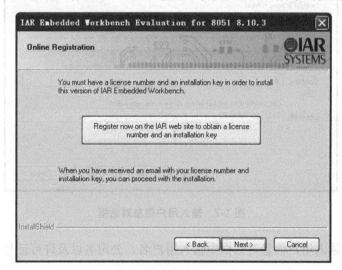

图 1-5　在线注册对话框

第 3 步：在线注册对话框的中间是在线注册按钮，在此我们不必在线注册，直接单击对话框中的"Next"按钮，打开如图 1-6 所示的许可协议对话框。

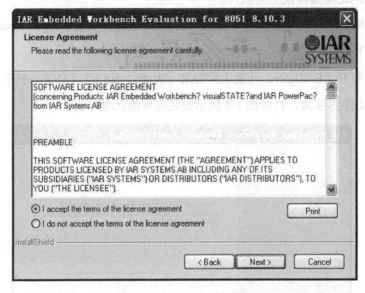

图 1-6　许可协议对话框

第 4 步：在许可协议对话框中选择"I accept the terms of the license agreement"单选按钮，然后单击"Next"按钮，打开图 1-7 所示的输入用户信息对话框。

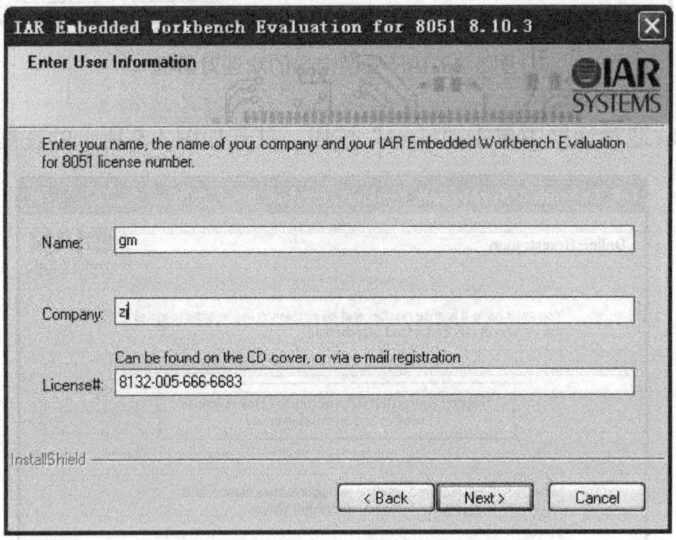

图 1-7　输入用户信息对话框

第 5 步：在输入用户信息对话框中输入用户名、公司名以及许可证号（参考图 1-7），然后单击"Next"按钮，打开图 1-8 所示的输入许可代码对话框。

图 1-8　输入许可代码对话框

【说明】

① 不同计算机的许可证号和许可代码并不相同，图 1-7、图 1-8 中所示的是作者所使用计算机上的许可证号和许可代码。

② 许可证号和许可代码需向 TI 公司购买，虽然网上有些注册机可以产生许可证号和许可代码，为了尊重知识产权，在本书中我们不打算介绍用注册机产生许可证号和许可代码的方法，请读者向 TI 公司购买 IAR 开发工具的注册许可证号和许可代码。

第 6 步：在输入许可代码对话框的"License Key"文本框中输入从 TI 公司购来的许可代码，然后单击"Next"按钮，打开图 1-9 所示的选择安装类型对话框。

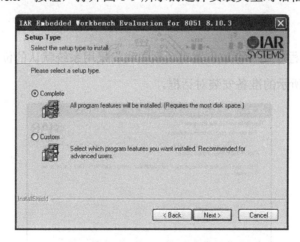

图 1-9　选择安装类型对话框

第 7 步：在选择安装类型对话框中单击"Complete"单选按钮，然后单击"Next"按钮，打开图 1-10 所示的选择安装位置对话框。

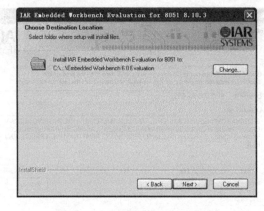

图 1-10　选择安装位置对话框

第 8 步：在选择安装位置对话框中我们采用系统默认的位置，直接单击"Next"按钮，打开图 1-11 所示的选择程序图标存放位置对话框。

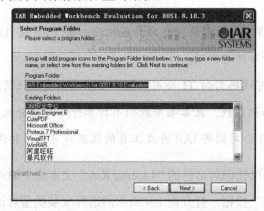

图 1-11　选择程序图标存放位置对话框

第 9 步：在选择程序图标存放位置对话框中我们采用系统默认的位置，直接单击"Next"按钮，打开图 1-12 所示的准备安装对话框。

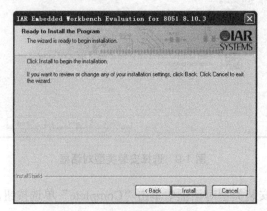

图 1-12　准备安装对话框

第 10 步：在准备安装对话框中单击"Install"按钮，计算机开始安装 IAR，在安装的过程中会显示安排进度，如果计算机中安装了 360 安全卫士，则在安装的过程中会弹出如图 1-13 所示的注册表防护对话框。

图 1-13　注册表防护对话框

第 11 步：在注册表防护对话框中单击"更多"按钮，在展开的选项中选择"允许本次"选项，计算机会继续安装 IAR，程序安装完毕后安装向导中会出现如图 1-14 所示的向导结束对话框。

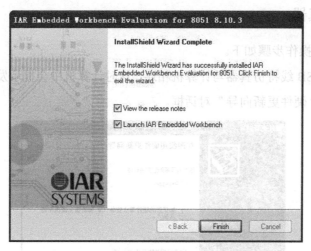

图 1-14　向导结束对话框

第 12 步：在向导结束对话框中单击"Finish"按钮，结束 IAR 安装，计算机中会弹出如图 1-15 所示的 IAR 工作窗口。我们现在还只是建立开发环境，还不准备立即用 IAR 开发程序，所以直接单击窗口右上角的关闭按钮，关闭 IAR 开发工具。

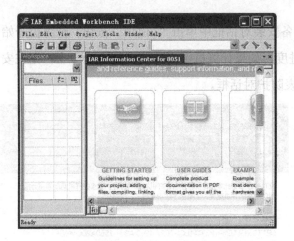

图 1-15　IAR 工作窗口

（2）安装其他开发工具

其他开发工具包括 ZStack-CC2530 协议栈程序包、程序烧录软件 SmartRF Flash Programmer、数据包捕获工具 Packet Sniffer、传感网络监视工具 ZigBee Sensor Monitor。这些工具软件的安装方法与 IAR Embedded Workbench 的安装方法非常相似，读者只需打开对应的文件夹，双击安装程序的图标，然后一路单击"next"按钮就可以顺利地安装这些软件。为了节省篇幅，在此我们不再详细介绍这些软件的安装过程。

3. 安装仿真器

安装仿真器的操作步骤如下。

第 1 步：用 USB 线将仿真器与计算机相连，这时计算机中会提示发现新硬件，并弹出如图 1-16 所示的"硬件更新向导"对话框。

图 1-16　"硬件更新向导"对话框

第 2 步：在"硬件更新向导"对话框中单击"从列表或指定位置安装（高级）"单选按钮，然后单击"下一步"按钮，进入如图 1-17 所示的选择安装选项对话框。

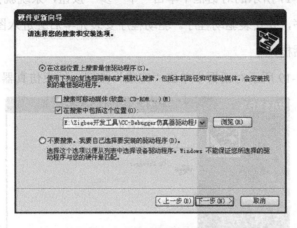

图 1-17　选择安装选项对话框

第 3 步：在选择安装选项对话框中，勾选"在搜索中包括这个位置"复选框，然后单击"浏览"按钮，打开如图 1-18 所示的"浏览文件夹"对话框。

图 1-18　"浏览文件夹"对话框

第 4 步：在"浏览文件夹"对话框中选择 CC-Debugger 驱动程序所在的文件夹"E:\ZigBee 开发工具\CC-Debugger 仿真器驱动程序\win_32bit_x86"（参考图 1-18），然后单击"确定"按钮，返回至图 1-17 所示的对话框中。

【说明】

如果用户所用的操作系统是 64 位的 Windows7 或者 Windows8，则在图 1-18 所示的"浏览文件夹"对话框中选择"win_64bit_x64"文件夹。

第 5 步：在图 1-17 所示的对话框中单击"下一步"按钮，系统就会在我们所选择的文件夹中搜索驱动程序，并安装驱动程序。驱动程序安装完毕后会进入图 1-19 所示的"完成硬件更新向导"对话框。

第 6 步：在图 1-19 所示对话框中单击"完成"按钮，结束仿真器驱动程序的安装。

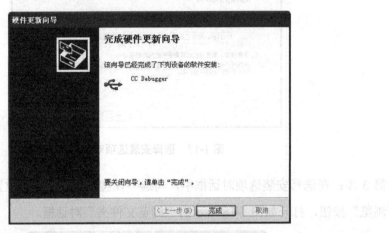

图 1-19 "完成硬件更新向导"对话框

第 7 步：查看驱动程序安装的结果。操作方法如下：

① 右击桌面上的"我的电脑"图标，在弹出的快捷菜单中选择"属性"菜单项，打开如图 1-20 所示的"系统属性"对话框。

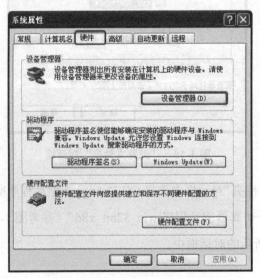

图 1-20 "系统属性"对话框

② 在"系统属性"对话框中选中"硬件"选项卡，然后单击"设备管理器"按钮，打开如图 1-21 所示的"设备管理器"窗口。

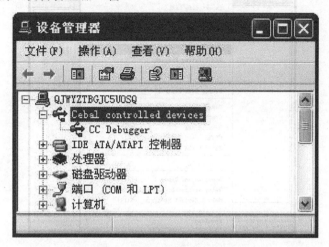

图 1-21 "设备管理器"窗口

③ 在"设备管理器"窗口中单击"Cebal controlled devices"左边的"+"号，展开"Cebal controlled devices"项，"Cebal controlled devices"项下面会出现"CC Debugger"项（参考图 1-21），表明 CC-Debugger 仿真器安装成功。如果"CC Debugger"前面出现黄色的"!"则表示仿真器的驱动程序安装错误，通常情况下这是由于我们所选的驱动程序与计算机的操作系统不匹配所导致的，这时只需更换 CC-Debugger 的驱动程序即可。

4. 新建工程

开发 CC2530 单片机应用程序一般是在 IAR 集成开发环境中进行的，需要先建立一个 IAR 工程，然后配置工程，利用 IAR 的调试工具调试好应用程序，最后是将调试好的应用程序编译并生成单片机可直接运行的十六进制文件。新建 IAR 工程的操作步骤如下。

（1）新建工程文件

第 1 步：在 E 盘新建一个名为 ex 的文件夹，用来保存工程中的相关文件。

第 2 步：双击桌面上的"IAR Embedded Workbench"快捷图标，系统就会启动 IAR 集成开发工具软件，并打开图 1-15 所示的 IAR 工作窗口。

图 1-22　新建工程菜单

第 3 步：在 IAR 工作窗口中选择菜单栏中的 "Project" → "Create New Project" 菜单项，如图 1-22 所示，工作窗口中就会弹出如图 1-23 所示的新建工程对话框。

图 1-23　新建工程对话框

第 4 步：在新建工程对话框的 "Tool chain" 下拉列表框中选择 "8051" 列表项，然后在 "Project templates" 列表框中选择 "Empty project" 列表项（参考图 1-23），再单击 "OK" 按钮，工作窗口中会弹出如图 1-24 所示的 "另存为" 对话框。

图 1-24 "另存为"对话框

第 5 步：在"另存为"对话框中单击"保存在"下拉列表框，从中选择保存工程文件的文件夹"E:\ex"（第 1 步中新建的文件夹），在"文件名（N）"文本框中输入工程文件名"ex1"（不必输入扩展名），单击"保存"按钮，IAR 就会新建工程文件 ex1.ewp，并将工程文件保存在 E:\ex 文件夹中，IAR 的 workspace 窗口中就会显示 ex1 工程的名字。

（2）新建 C 语言程序文件

在 IAR 中新建程序文件的操作步骤如下。

第 1 步：单击菜单栏上的"File"→"New"→"File"菜单项或者单击工具栏上的新建文件图标按钮 ，这时 IAR 集成开发环境的右边会出现文本编辑窗口，窗口标签上会显示当前新建文件的文件名"Untitled1*"，如图 1-25 所示。

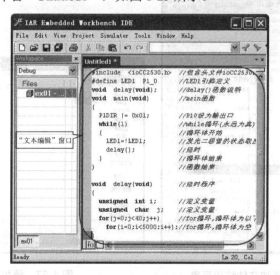

图 1-25 文本编辑窗口

第 2 步：在文本编辑窗口中录入程序代码。

第 3 步：单击工具栏上的保存文件图标按钮■或者单击菜单栏上的"File"→"Save"菜单项，系统会弹出类似于图 1-24 的"保存文件"对话框，在"文件名"文本框中输入文件名"ex1.c"，然后单击"保存"按钮。这里的"ex1.c"是本例的程序文件，其扩展名为.C，表示是 C 语言程序文件。

【说明】

① 用 IAR 新建文件时，IAR 默认的文件名为 Untitledi（i=1、2、…），此时文本编辑窗口上的标签显示的是默认的文件名，保存文件后，文本编辑窗口上的标签显示的是保存后的文件名。

② C 语言程序文件实际上是一个文本文件，可以用任何文本编辑器新建和编辑。

③ 在程序代码中，"//"后面的内容为语句的注释部分。本例中，这一部分可以暂不录入。"//"是 C 语言程序的注释符。

④ 程序中的标点符号必须在半角状态下录入。例如";"（半角状态下的分号）不能录入成"；"（全角状态下的分号）。

⑤ 如果事先已建立了 C 语言程序文件，则跳过此步直接进入第 3 步。

（3）在工程中添加程序文件

第 1 步：在 Workspace 窗口中右击工程名 ex01，在弹出的快捷菜单中选择"Add"→"Add Files"菜单项，如图 1-26 所示。这时系统会弹出如图 1-27 所示的添加文件对话框。

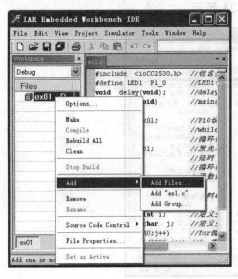

图 1-26 添加文件快捷菜单

图 1-27 添加文件对话框

第 2 步：在图 1-27 所示的添加文件对话框中，"查找范围"下拉列表框内显示的是工程文件所在目录"ex","查找范围"下面的列表框是文件列表框,显示的是指定目录中的指定类型的所有文件。单击"文件类型"下拉列表框,从中选择"Source files(*.c;*.cpp;*.h)",此时文件列表框中将显示 ex 目录中所有.c、.cpp、.h 等源程序文件,单击刚才所建立的程序文件"ex1.c",再单击"打开"按钮。此时,C 程序文件就添加至 IAR 工程中了。

5. 配置工程

配置工程包括配置单片机、设置 C 编译器、连接器、设置仿真器等许多内容,为了使问题简单化,帮助读者快速入门,在此只介绍一些最基本的配置,其他高级配置我们将在后续的项目中结合实例再作介绍。

(1)配置单片机

配置单片机的操作步骤如下。

第 1 步:在 Workspace 窗口中右击工程名 ex01,在弹出的快捷菜单中选择"Options…"菜单项(参考图 1-26),打开如图 1-28 所示的"Options for node 'ex1'"对话框。

第 2 步:在图 1-28 所示对话框中,单击"Category"列表框中的"General Options"列表项,然后单击对话框右边的"Target"标签,使对话框中显示 Target 页面,该页面显示的是配置单片机的内容。

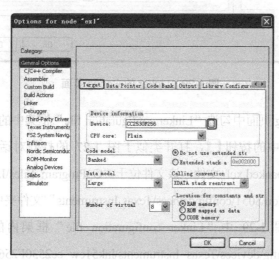

图 1-28 "Options for node 'ex1'"对话框

第 3 步:单击"Device"后面的按钮,系统会打开一个类似于图 1-27 的打开对话框,在对话框中选择 CC2530F256.i51 文件,该文件位于"C:\Program Files\IAR Systems\Embedded Workbench 6.0 Evaluation\8051\config\devices\Texas Instruments"文件夹中。然后单击打开对话框中的"打开"按钮,图 1-28 中"Device"文本框中就会显示"CC2530F256"(参考图 1-28)。

第 4 步：在"CPU core"下拉列表框中选择"Plain"列表项，其他的参数选择默认值。

（2）配置连接器

配置连接器的操作步骤如下。

第 1 步：在图 1-28 所示对话框中单击"Category"列表框中的"Linker"列表项，然后单击对话框右边的"Config"标签，使对话框中显示 Config 页面，如图 1-29 所示。

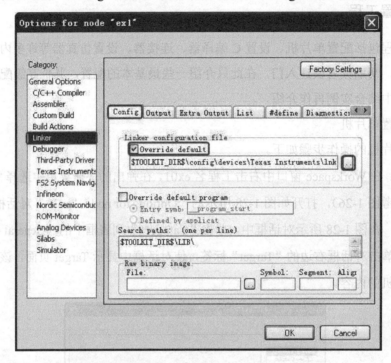

图 1-29　Linker 的 Config 页面

第 2 步：在 Config 页面中勾选"Linker configuration file"框架中的"Override default"复选框，然后单击框架中的按钮，打开类似于图 1-27 的打开对话框，在对话框中选择 lnk51ew_cc2530F256_banked.xcl 文件，该文件位于"C:\Program Files\IAR Systems\Embedded Workbench 6.0 Evaluation\8051\config\devices\Texas Instruments"文件夹中。然后单击打开对话框中的打开按钮，图 1-29 中"Linker configuration file"框架内的文本框中就会显示"$TOOLKIT_DIR$\config\devices\Texas Instruments\lnk51ew_cc2530F256_banked.xcl"（参考图 1-29）。其中，$TOOLKIT_DIR$表示系统安装目录。

第 3 步：其他项的配置选择默认值。

（3）配置仿真器

配置仿真器的操作步骤如下。

第 1 步：在图 1-28 所示对话框中单击"Category"列表框中的"Debugger"列表项，然后单击对话框右边的"Setup"标签，使对话框中显示 Setup 页面，如图 1-30 所示。

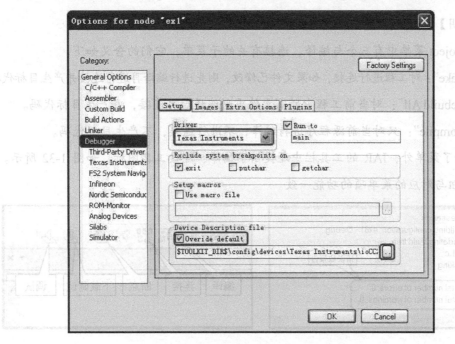

图 1-30 Debugger 的 Setup 页面

第 2 步：在 Setup 页面中单击"Driver"下拉列表框，从展开的列表项中选择"Texas Instruments"列表项。

第 3 步：勾选"Device Description file"框架中的"Override default"复选框，然后单击框架中的按钮 ，打开类似于图 1-27 的打开对话框，在对话框中选择"ioCC2530F256.ddf"文件，该文件位于"C:\Program Files\IAR Systems\Embedded Workbench 6.0 Evaluation\8051\config\devices\Texas Instruments"文件夹中。然后单击打开对话框中的"打开"按钮，图 1-30 中"Device Description file"框架内的文本框中就会显示"$TOOLKIT_DIR$\config\devices\Texas Instruments\ioCC2530F256.ddf"（参考图 1-30）。

第 4 步：其他项的配置选择默认值，然后单击"OK"按钮，结束工程配置。

6. 编译、连接程序

编译、连接程序的操作方法如下：

选择菜单栏上的"Project"→"Make"菜单项或者单击工具栏上的 工具图标按钮。这时，IAR 集成开发环境下面的输出窗口中就会显示编译、连接的结果，如图 1-31 所示。

如果源程序中存在语法上的错误，输出窗口中将会有错误报告出现，双击错误报告行，可以定位到出错的位置。对源程序反复修改后最终会得到如图 1-31 所示的结果。

【说明】

① Project 菜单中有三个与编译、连接有关的子菜单，它们的含义如下。

- "Make"：对工程进行连接，如果文件已修改，则先进行编译再进行连接并产生目标代码。
- "Rebuild All"：对当前工程中所有文件重新编译后再连接，并产生目标代码。
- "Compile"：只对当前源程序进行编译，不进行连接，不产生目标代码。

② 除了菜单外，IAR 的工具栏中还提供了编译、连接工具图标，如图 1-32 所示。这些图标按钮与对应的菜单项的功能一致。

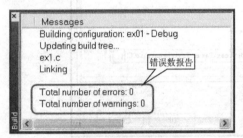

图 1-31　连接的结果

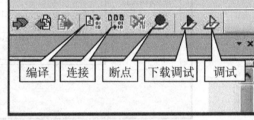

图 1-32　编译、连接工具图标

③ 输出窗口中显示错误数为 0 时，只表明源程序无语法上的错误，并不能代表源程序无逻辑上的错误。

7. 调试程序

调试程序的目的是查找程序中的逻辑错误。在 IAR 中调试程序的方法是，跟踪程序的运行，查看程序运行的结果。如果结果与理论值不符，表明程序存在逻辑错误，再逐条运行程序中的相关语句，找出产生错误的语句，并修改程序，直至程序运行的结果正确。在调试的过程中需要在程序中设置断点，采取全速运行、单步运行、过程单步等多种运行方式反复运行程序，在程序运行的过程中观察相关变量的值。用 IAR 调试程序的步骤如下。

（1）进入调试状态

编译连接程序后，选择菜单栏上的 "Project" → "Debug without Downloading" 菜单项或者单击工具栏上的调试图标按钮 ，这时 IAR 会进入调试状态，如图 1-33 所示。

图 1-33　调试状态下的 IAR 窗口

在调试状态下，IAR 的窗口发生了一系列的变化，其中，菜单栏中多了一个"Debug"菜单，工具栏中出现了 9 个调试工具图标按钮，这 9 个调试工具图标按钮分别与"Debug"菜单中的 9 个菜单项相对应，从左到右依次为复位、暂停、跳过、跳入、跳出、单步运行、运行至光标处、全速运行和结束调试。在代码窗口中会出现一个绿色的箭头，用来指示当前即将要执行的语句。

【说明】

选择菜单栏上的"Project"→"Download and Debug"菜单项或者单击工具栏上的下载调试图标按钮 ，IAR 也会进入调试状态。但"Download and Debug"菜单项除了具备调试功能外，还会将程序下载至单片机的程序存储器中，单片机重新上电后，所下载的程序将会被执行。"Debug without Downloading"菜单项只具备调试功能，单片机重新上电后，所下载的程序丢失，单片机将执行程序存储器中原来的程序。

（2）显示"Register"窗口

"Register"窗口的功能是显示单片机内部的主要寄存器以及这些寄存器的当前值。显示"Register"窗口的操作方法是：在调试状态下选择菜单栏上的"View"→"Register"菜单项。"Register"窗口如图 1-34 所示。

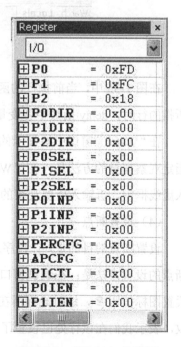

图 1-34　"Register"窗口

(3) 显示观察窗口

观察窗口包括"Locals"和"Watch"两个观察窗口。其中"Locals"窗口用来显示当前执行函数中的变量值,"Watch"窗口用来显示指定变量的当前值。

显示"Locals"窗口的方法是:选择菜单栏上的"View"→"Locals"菜单项。显示"Watch"窗口的方法是:选择菜单栏上的"View"→"Watch"。"Watch"窗口和"Locals"窗口如图 1-35 所示。

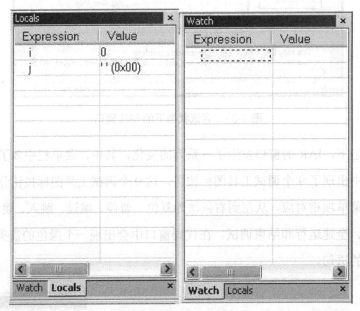

图 1-35 观察窗口

在图 1-35 中,当前执行的函数是 delay,"Local"窗口中显示的是单片机在执行到箭头所指的行时,delay 函数中各变量的值。

在"Watch"窗口中被显示的变量必须由用户指定,可以是本地变量,也可是全局变量。指定观察变量的方法是:在"Watch"窗口中单击"Expression"列中的虚线框,使光标落入虚线框中,再输入所要观察的变量名,然后单击窗口中的空白处。

(4) 设置断点

设置断点的目的是,让程序运行至指定行后暂停运行,以便用户观察程序运行的结果。断点的设置方法是:在调试窗口中,单击需要程序停止运行的行,再单击工具栏上的断点设置图标按钮,这时光标所在行的右边会出现一个红色圆点,该行代码上会出现红色底纹,表示我们在该行处已设置了一个断点。

【说明】

① 双击某行语句左边的灰色部分也可以快速地将该行设置成断点行。

② 断点设置命令具有开关特性。若某行为断点行，再次对该行设置断点时，则为取消该行断点。

(5) 选择程序的运行方式并运行程序

在 IAR 中调试程序时需要控制程序的运行方式，以便在程序的运行过程中观察运行的结果。在 IAR 中控制程序运行的图标按钮有 9 个，位于调试工具栏中（参考图 1-33），选择不同的工具图标按钮就可以控制程序以不同的方式运行。

8. 烧录程序

烧录程序有两种方法，适用于两种场合。第一种方法是用 IAR 集成开发工具下载，这种方法适用于手中拥有源程序的用户。第二种方法是用 SmartRF Flash Programmer 工具软件下载，这种方法适用于手中没有源程序的用户。

(1) 用 IAR 集成开发工具下载程序

其操作方法如下。

第 1 步：按照前面介绍的方法调试好程序。

第 2 步：连接仿真器。

① 关掉开发板上的电源。

② 用 10P 排线将仿真器上的 10P 牛角座与开发板上的 10P 牛角座相连。

③ 用 USB 线将仿真器上的 USB 口与计算机上的 USB 口相接。

④ 接通开发板上的电源。这时可以看到仿真器上的指示灯呈红色显示，表明仿真器还不能与开发板进行通信。

⑤ 按下仿真器上的复位按钮，让仿真器复位。这时可以看到仿真器上的指示灯呈绿色显示，表明仿真器与开发板通信成功，当前可以通过仿真器给开发板下载程序或者对程序进行硬件仿真调试。

第 3 步：下载程序至开发板中。

① 使 IAR 进入文件编辑状态。

② 单击图 1-32 中的下载调试工具图标 ，IAR 就会将程序下载至开发板中，并进入

调试状态。

③ 在调试状态下的 IAR 窗口中单击结束调试工具图标（参考图 1-33），退出调试状态。

④ 关闭开发板的电源，再拔掉仿真器与开发板的连接线，然后给开发板上电，开发板就会运行我们所下载的程序。

（2）用 SmartRF Flash Programmer 工具软件下载程序

用 SmartRF Flash Programmer 工具软件下载程序需先生成单片机所要执行的十六进制文件（hex 文件），然后将此文件下载至单片机中，其操作步骤如下。

第 1 步：按照前面介绍的方法调试好程序，并使 IAR 进入程序编辑状态。

第 2 步：产生 hex 文件。

① 按照配置工程中所介绍的方法打开图 1-28 所示的"Options for node 'ex1'"对话框。

② 在对话框中单击"Category"列表框中的"Linker"列表项，然后单击对话框右边的"Output"标签，使对话框中显示 Output 页面，如图 1-36 所示。

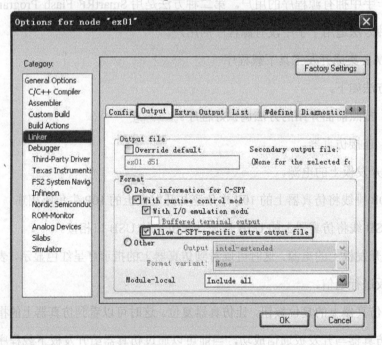

图 1-36 Linker 的 Output 页面

③ 在 Output 页面中勾选"Allow C-SPY-specific extra output file"复选框，然后单击"Extra Output"标签，使对话框中显示 Extra Output 页面，如图 1-37 所示。

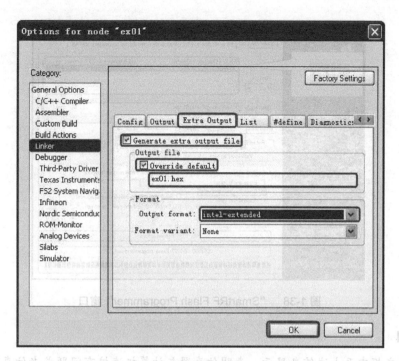

图 1-37 Linker 的 Extra Output 页面

④ 在 Extra Output 页面中勾选"Generate extra output file"复选框和"Override default"复选框，然后将"Output file"文本框中的文件名改为我们所需要的文件名，其中文件名的后缀为".hex"，表示该文件为十六进制文件。例如，在图 1-37 中我们所指定的输出文件为 ex01.hex。

⑤ 在"Output format"下拉列表框中选择"intel-extended"类型，然后单击"OK"按钮，结束工程配置，返回至 IAR"文件编辑"窗口中。

⑥ 右击 Workspace 窗口中的工程名，在弹出的快捷菜单中选择"Rebuild All"或者"make"菜单项（参考图 1-26），对工程文件进行编译。IAR 在编译程序时就会额外生成一个十六进制文件（.hex 文件），该文件位于"E:\ex\Debug\Exe"文件夹中，它就是我们所要的单片机执行文件。

第 3 步：按照前面介绍的方法连接仿真器。

第 4 步：用 SmartRF Flash Programmer 工具软件下载程序。

① 双击桌面上的 SmartRF Flash Programmer 工具软件快捷图标，打开如图 1-38 所示的"SmartRF Flash Programmer"窗口。

② 在"SmartRF Flash Programmer"窗口中选择"System-on-Chip"标签，窗口右边的文本框中会显示仿真器的类型、仿真器的 ID 号以及开发板上单片机的类型（参考图 1-38）。

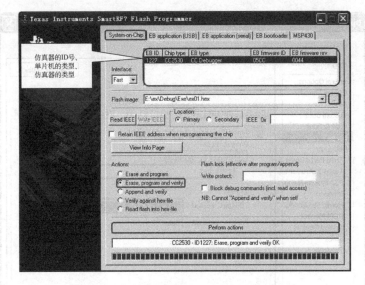

图 1-38 "SmartRF Flash Programmer" 窗口

【说明】

如果文本框中无上述信息显示，表明仿真器与计算机连接有问题或者仿真器驱动程序安装有问题，请检查仿真器与计算机的连接并排除故障。

如果文本框的"Chip type"列中显示的是"N/A"，表明仿真器与开发板连接有问题或者开发板没上电，排除故障后按仿真器上的"复位"键，这时仿真器的指示灯为绿色，"SmartRF Flash Programmer"窗口的文本框中会显示开发板上单片机的类型。

③ 单击"Flash image"右边的按钮，系统会打开一个类似于图1-27的打开对话框，在对话框中选择 ex01.hex 文件，该文件是第2步中所产生的单片机执行文件，它位于"E:\ex\Debug\Exe"文件夹中。然后单击打开对话框中的"打开"按钮，图1-38中"Flash image"下接列表框中就会显示所要下载的文件"E:\ex\Debug\Exe\ex01.hex"（参考图1-38）。

④ 单击"Erase,program and verity"单选按钮，或者单击"Erase and program"单选按钮，然后单击"Perform actions"按钮，SmartRF Flash Programmer 工具软件就会将 ex01.hex 文件下载至单片机中，下载结束后，会在"Perform actions"按钮下面的文本框中显示下载后的结果。

【说明】

对于开发者而言，我们一般是用 IAR 集成开发工具下载程序，用 IAR 集成开发工具下载程序时，不必生成 hex 文件。

实践总结

ZigBee 网络开发工具主要有 IAR 集成开发工具软件、ZStack-CC2530 协议栈程序包、程序烧录软件 SmartRF Flash Programmer、数据包捕获工具 Packet Sniffer、ZigBee 传感网络监视工具 ZigBee Sensor Monitor、仿真器驱动程序和串口调试助手等几个工具软件。其中最主要的是 IAR 集成开发工具软件和 ZStack-CC2530 协议栈程序包。在项目 1 中我们主要是介绍了这些工具件的安装方法以及 IAR 集成开发工具软件的使用方法,为后续项目的实施搭建好开发环境。

IAR 集成开发工具软件是单片机应用系统开发中的常用工具软件之一。IAR 具有源程序编辑、程序调试、系统仿真等多种功能,可以将源程序编译生成目标文件。熟练地使用 IAR 开发工具既是单片机应用系统开发的基本技能之一,也是 ZigBee 网络开发的基本技能之一,在应用系统开发中要充分地利用 IAR 的强大功能。

习题

1. IAR 工程文件的扩展名为_____。
2. 以添加 ex.c 文件为例,简述在 IAR 工程中添加程序文件的方法,并上机实践。
3. 设 ZigBee 模块中所用的单片机为 CC2530F256,简述 IAR 工程中配置单片机的方法,并上机实践。
4. 设 ZigBee 模块中所用的单片机为 CC2530F256,简述 IAR 工程中配置连接器的方法,并上机实践。
5. 简述用 IAR 集成开发工具下载程序的方法,并上机实践。
6. 简述用 SmartRF Flash Programmer 工具软件下载程序的方法,并上机实践。

项目 2 在协议栈中控制 LED 闪烁

任务要求

选用 1 个 ZigBee 模块作为协调器，协调器上电后组建网络，并使协调器上的 LED1 以每秒 1 次的频率进行闪烁，其中 LED1 亮灭的时间均为 0.5s。

相关知识

1. 协议与协议栈

协议是指进行数据通信的双方实体为了保证通信或者服务的成功而事先定义的一组通信规则或者约定。例如数据单元的格式、数据传输的速度、数据的内容和含义、通信开始的表示、通信结束的表示，等等。

网络通信的协议比较复杂，但网络中的设备进行数据通信时必须严格遵守通信协议，否则通信就会失败。例如，在网络中，A 设备用 0xfffc 表示数据传输的开始，而 B 设备则用 0xfffe 表示数据传输的开始，A 设备向 B 设备开始发送数据时就会先发送 0xfffc，以通知 B 设备接收数据，但是 B 设备认为 0xfffe 才是表示数据传输的开始，因而不会接收数据，这样 B 设备就接收不到 A 设备发来的数据。

通俗地讲，协议栈是一组用程序代码实现网络通信协议的库函数。它是一些厂商为了方便用户组网而编写的函数库，不同的函数实现通信协议中的不同约定，所有这些函数集合在一起就实现了通信协议，这些函数的集合就称为协议栈。不同厂商所提供的协议栈并不一定相同，本书中所介绍的 ZStack 就是 TI 公司开发的 ZigBee 协议栈。

协议是通信的约定，协议栈是实现约定的函数集。读者学习 ZigBee 无线组网技术时应将主要精力放在研究 ZigBee 协议栈中提供了哪些函数、如何使用这些函数组建用户所需要的网络上来，不必将主要精力花费在对 ZigBee 协议本身以及协议的实现过程的研究。

2. ZigBee 网络中的设备

ZigBee 网络中主要有协调器、路由器、终端节点 3 种设备。

协调器主要负责网络的组建、维护、控制节点的加入、数据包路由选择等。所谓路由是指数据在网络中传输时的路径选择与控制。在 ZigBee 网络中有且只有一个协调器。

路由器主要负责数据包的路由选择、网络连接等。在 ZigBee 网络中可以有多个路由器，也可以不设路由器。

终端节点的主要功能是负责数据的采集和执行机构的控制，例如温度、湿度的采集，电机、照明灯的控制等。在 ZigBee 网络中可以有 1 个或者多个终端节点。

在 ZigBee 网络中，协调器具备路由器的功能，也可以作为一个终端节点来使用。路由器则不具备网络组建功能，可作为一个终端节点来使用。终端节点不具备路由功能。一个 ZigBee 网络至少要包含 1 个协调器和 1 个终端节点，其中终端节点可以由路由器来兼任。

3. 系统事件与用户事件

在 ZigBee 网络中，事件是指能被系统识别，用以驱动某个程序执行的一种操作或者事务，如定时时间到、用户按下按键、发送传感器数据，等等。

为了方便用户使用，TI 公司在开发 ZigBee 协议栈（ZStack）时将事件分为系统事件和用户事件 2 种。系统事件是协议栈内部预先定义的事件，用户不必定义。在 ZStack 中，系统事件用宏 SYS_EVENT_MSG 表示，它的定义位于 comdef.h 文件中，其定义如下：

```
#define SYS_EVENT_MSG    0x8000
```

ZStack 中的系统事件是一个事件的集合，包括天线收到了报文类（MSG 类）的消息、节点加入网络等许多子事件，这些子事件主要是在 ZComDef.h 文件中以宏定义的形式给出的。在进行 ZigBee 应用系统开发时，用户只需了解协议栈中事件宏代表的是什么含义、如何使用这些事件宏即可，不必重新定义这些宏。系统事件及其常用的子事件如表 2-1 所示。

表 2-1 系统事件及其常用的子事件

事件宏	值	含义	说明
SYS_EVENT_MSG	0x8000	系统事件	节点接收到一个消息，包括键值对（Key Value Pair，KVP）消息和报文（Message，MSG）消息，节点中就触发此事件
AF_DATA_CONFIRM_CMD	0xFD	收到数据确认事件	A 节点发送数据时要求接收方收到数据后发送确认应答信号，当 A 节点收到接收数据方发来的确认应答信号就会在 A 设备中触发此事件

续表

事件宏	值	含义	说明
AF_INCOMING_MSG_CMD	0x1A	收到报文（MSG）类消息	A 节点用 AF_DataRequest（）函数发送报文消息，B 节点收到此报文消息后就会在 B 节点中触发此事件
AF_INCOMING_KVP_CMD	0x1B	收到键值对（KVP）类的消息	
AF_INCOMING_GRP_KVP_CMD	0x1C	收到群键值对类型的消息	
KEY_CHANGE	0xC0	按键状态发生变化	A 节点中的按键按下就会在 A 节点中触发此事件
ZDO_NEW_DSTADDR	0xD0	ZDO 获得新地址	ZDO：ZigBee Device Object 的缩写，即 ZigBee 网络中的设备对象，也就是网络中的节点。 A 节点加入绑定后，在 A 节点中就会触发此事件
ZDO_STATE_CHANGE	0xD1	ZDO 改变了网络的状态	当 A 节点的变化而导致网络状态发生变化时（如节点加入网络），A 节点中就会触发此消息
ZDO_MATCH_DESC_RSP_SENT	0xD2	描述符匹配响应发送	A 节点用 ZDP_MatchDescReq（）函数发送请求描述匹配绑定时，B 节点收到请求后用函数 ZDP_MatchDescRsp（）发送响应信号后，B 节点中将触发此事件
ZDO_CB_MSG	0xD3	收到 ZDO 反馈消息	A 节点发送绑定请求，B 节点收到后发送匹配响应，A 节点收到 B 节点发来的响应信息后在 A 节点中触发此事件 注意：仅当节点用函数 ZDO_RegisterForZDOMsg（）注册了某个特定消息后，节点才能用此消息事件接收解析此特定的消息
ZDO_NETWORK_REPORT	0xD4	ZDO 收到网络状态报告消息	
ZDO_NETWORK_UPDATE	0xD5	ZDO 收到网络状态更新消息	

用户事件是用户在应用系统开发的过程中根据实际需要自定义的事件，例如获取 AD 采集值事件、获取串口接收数据事件等。用户事件需要用户在应用程序中定义，定义的方法是，在应用程序中用宏定义指定事件的编码。例如，在应用程序中我们可以用以下代码定义一个 LED 翻转事件

#define LED_TOGGLE_EVT   0x0001

ZStack 中，事件的定义有以下特点：

● 一个任务可以包含多个事件，即一个任务可以由几个事件中的某个事件触发。

● 一个事件只能归属于一个任务之中，即一个事件的发生，只能触发一个任务的执行。因此，我们在提及事件时，一般情况下称之为任务事件。

● 任务的事件用 16 位二进制数表示，一个二进制位代表一个单一的事件，二进制位的值为 1 时，表示该位二进制位所代表的事件发生了，二进制位的值为 0 时，表示该位

二进制位所代表的事件没有发生。所以，单一事件的编码值一般为 0x8000（1000 0000 0000 0000B）、0x4000（0100 0000 0000 0000B）、0x2000（0010 0000 0000 0000B）、0x1000（0001 0000 0000 0000B）、0x0800、0x0400、0x0200、0x0100、0x0080、0x0040、0x0020、0x0010、0x0008、0x0004、0x0002、0x0001。复合事件的编码为上述单一事件编码的按位或后的值。例如，0x0003（0000 0000 0000 0011B）就表示编码为 0x0002 和 0x0001 这两个事件都发生了。

- 同一任务的各个事件的编码不能相同，不同任务的事件编码可以相同。

在 ZStack 中，进行事件处理的原理是，根据任务的先后顺序检查任务的事件，若有事件发生，则执行该任务的事件处理程序。即先查任务，再查任务的事件。因此，不同任务的事件编码相同不会产生混乱。但是，同一任务的事件编码相同就会出现事件处理错误。

- 事件编码中，0x8000 为系统事件的编码，用户为每个任务所能定义的单一事件最多只有 15 个，它们的编码为 0x0001、0x0002、0x0004、0x0008、…、0x4000。

4. osal_msg_receive（）函数

该函数的功能是，为指定的任务从消息队列中检索一条消息。函数的原型如下：

uint8 *osal_msg_receive（ uint8 task_id ）;

其中，参数 task_id 为任务编号。函数的返回值为指向存放该消息的缓冲区的指针。如果没有消息，则返回 NULL。

5. osal_msg_deallocate（）函数

该函数的功能是，释放消息所占存储空间。函数的原型说明如下：

uint8 osal_msg_deallocate（ uint8 *msg_ptr ）;

其中，参数 msg_ptr 为指向所需回收的消息缓冲区的指针。函数的返回值为操作结果，若操作成功，则返回 SUCCESS（0x00），若失败，则返回 INVALID_MSG_POINTER（0x05）。

6. osal_start_timerEx（）函数

该函数的功能是，启动定时器，当定时时间到后为指定的任务设置事件。函数的原型说明如下：

uint8 osal_start_timerEx （uint8 taskID, uint16 event_id, uint16 timeout_value）;

该函数中各参数的含义如下。

- taskID：指定任务的任务号。当定时时间到后，该任务将被告知所设定的事件发生。
- event_id：所需设置事件的事件编码。
- timeout_value：定时的时长，单位为 ms。

函数的返回值为操作的结果，定时器启动成功时返回 SUCCESS，定时器启动失败则返回 NO_TIMER_AVAIL。

7. HalLedSet（）函数

该函数的功能是，设置指定发光二极管的状态。函数的原型说明如下：

uint8 HalLedSet （uint8 leds, uint8 mode）;

该函数中各参数的含义如下。

- leds：待设置的发光二极管。leds 的取值如表 2-2 所示。

表 2-2 leds 的取值

符号	值	含义
HAL_LED_1	0x01	与 P1_0 脚相接的发光二极管 LED1
HAL_LED_2	0x02	与 P1_1 脚相接的发光二极管 LED2
HAL_LED_3	0x04	与 P1_4 脚相接的发光二极管 LED3
上述符号的按位与		LED1、LED2、LED3 的组合

- mode：待设置的状态。mode 的取值如表 2-3 所示。

表 2-3 mode 的取值

符号	值	含义
HAL_LED_MODE_OFF	0x00	熄灭模式
HAL_LED_MODE_ON	0x01	点亮模式
HAL_LED_MODE_BLINK	0x02	闪烁模式
HAL_LED_MODE_FLASH	0x04	周期性地闪烁模式
HAL_LED_MODE_TOGGLE	0x08	状态翻转模式

该函数的返回值为所设置的状态。

例如，使发光二极管 LED1、LED2 的状态翻转的程序如下：

HalLedSet （HAL_LED_1 | HAL_LED_2, HAL_LED_MODE_TOGGLE）;

8. HalLedBlink（）函数

该函数的功能是控制指定的发光二极管闪烁，函数的原型说明如下：

void HalLedBlink （uint8 leds, uint8 numBlinks, uint8 percent, uint16 period）;

该函数中各参数的含义如下。

- leds：要闪烁的 LED。leds 的取值如表 2-2 所示。
- numBlinks：闪烁的次数。numBlinks 为 0 时表示不停地闪烁，为其他值时表示闪烁的次数。
- percent：LED 点亮时间占闪烁周期的百分比。percent 的值为 0 时发光二极管熄灭，大于等于 100 时点亮发光二极管，为其他值时表示点亮时间的百分比。
- period：闪烁的周期。period 的单位为 ms。

例如，控制 LED1 以 1s 的周期不停地闪烁的程序代码如下：

HalLedBlink （HAL_LED_1,0,50,1000）;

实现方法与步骤

基于 ZigBee 的应用系统开发的方法是，从 ZStack 中选择某个样例工程，然后根据任务的功能要求对所选工程中的程序进行适当剪裁，再对剪裁后的程序进行编译、连接、调试，最后将程序下载至 ZigBee 模块中运行。由于直接对样例程序进行剪裁会破坏原来的程序文件，不利于下次开发其他应用系统。在实际的开发中，一般的方法是，先将 ZStack 中的样例工程复制到某个文件夹中，然后对工程中的应用程序进行剪裁。整个工作包括准备程序文件、编制协调器程序、编制头文件 Coordinator.h、编译下载程序等几步。

1. 准备程序文件

准备程序文件包括从协议栈中复制样例工程、在工程中添加节点程序文件、移除工程中多余的应用程序文件等几部分。其操作步骤如下。

第 1 步：复制 ZigBee 协议栈中的样例工程文件至工作目录中。

方法如下：

① 在 E 盘根目录下新建文件夹 ZigBee。

② 打开 ZStack 的安装文件夹"C:\Texas Instruments\ZStack-CC2530-2.5.1a"，将该文件夹中的"Projects"、"Components"两个文件夹复制到"E:\ ZigBee"文件夹中。

③ 删除"E:\ZigBee\Projects\zstack\Samples"文件夹中"GenericApp"、"SimpleApp"两个文件夹，只保留"SampleApp"文件夹。

第 2 步：启动协议栈中的 SampleApp 工程。

打开"E:\ZigBee\Projects\zstack\Samples\SampleApp\CC2530DB"文件夹，找到"SampleApp.eww"工程文件，如图 2-1 所示。双击 SampleApp.eww 文件图标，则启动 SampleApp 工程。

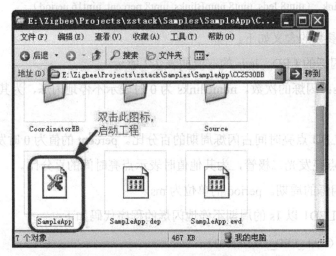

图 2-1　"SampleApp.eww"工程文件的位置

第 3 步：新建 Coordinator.c、Coordinator.h 文件。

① 单击工具栏中的"新建文件"图标按钮，如图 2-2 所示，新建一个空白文件。

图 2-2　新建文件

② 单击工具栏中的"保存文件"图标按钮，在弹出的"另存为"对话框中将所新建的文件保存为"Coordinator.c"，文件存放在"E:\ZigBee\Projects\zstack\Samples\SampleApp\Source"文件夹中，如图 2-3 所示。

③ 重复上述过程，在 E:\ZigBee\Projects\zstack\Samples\SampleApp\Source 文件夹中新建 Coordinator.h 文件。

项目 2　在协议栈中控制 LED 闪烁　33

图 2-3　保存 Coordinator.c 文件

第 4 步：将 Coordinator.c、Coordinator.h 文件添加至 App 组中。

① 在 Workspace 窗口中单击"SampleApp"工程名前面的"+"号，展开 SampleApp 工程中的组结构图。

② 右击 App 组，在弹出的快捷菜单中选择"Add"→"Add Files"菜单项，如图 2-4 所示，然后在弹出的"Add Files-App"对话框中选择刚才所新建的 Coordinator.c 文件，再单击"打开"按钮，IAR 就会将 Coordinator.c 文件添加到 App 组中。

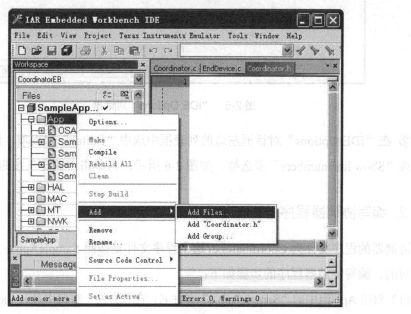

图 2-4　在 App 组中添加文件

③ 重复上述过程，将 Coordinator.h 文件添加至 App 组。App 组添加文件后的结构如图 2-5 所示。

第 5 步：显示代码的行号。

在默认状态下，IAR 的窗口中并不显示代码的行号，为了观察和研究程序，我们需要在窗口中显示代码的行号。显示代码的行号的操作步骤如下。

① 单击菜单栏上的"Tools"→"Options"菜单项，打开"IDE Options"对话框，如图 2-6 所示。

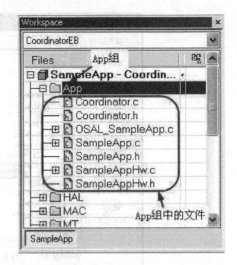

图 2-5 App 组中的文件

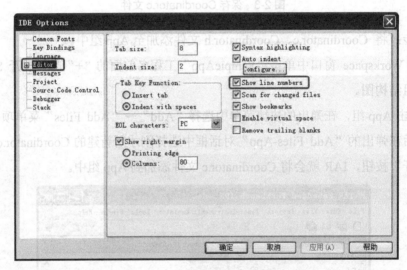

图 2-6 "IDE Options"对话框

② 在"IDE Options"对话框左边的列表框中选中"Editor"列表项，然后在右边区域中勾选"Show line numbers"多选框，如图 2-6 所示。再单击"确定"按钮。

2. 编写协调器程序

协调器的程序文件为 Coordinator.c，这个程序文件是按照 SampleApp.c 文件中的程序结构编写的。编写协调器程序的步骤如下：

（1）双击 App 组中的"SampleApp.c"文件名，在"文件"窗口中打开 SampleApp.c 文件。

（2）从 SampleApp.c 文件中复制部分代码至 Coordinator.c 文件中，并对复制后程序进行修改。

为了方便读者阅读,我们对本例程序以及后续程序中所出现的相关符号及称谓作如下说明:

① 代码前面的数字为代码在我们所编制的程序文件中的行号,在编写程序时,这一部分不必录入。

② 无行号的行并不是一个代码行,该行是由于上一行的内容过多,在文档编排时自动换行而成的,在代码输入时,应将无行号行的内容放在上一行尾部。例如,在下面的程序中,第 58 行后面的行无行号,该行并不是一个代码行,它是第 58 行的内容。

③ 代码中的注释在原样例文件中并不存在,这一部分是我们为方便读者对程序的理解而添加的,这一部分可以不输入。

④ 样例文件是指复制代码时代码原来所在的文件。例如,我们在编制 Coordinator.c 程序文件时,其代码是从 SampleApp.c 文件中复制来的,我们所说的 Coordinator.c 的样例文件就是 SampleApp.c 文件。

⑤ 注释后面的数字为该行代码在其样例文件中的对应行。例如,下面的程序中,第 5 代码后面的注释为"//59",表示第 5 行代码是从 SampleApp.c 文件中第 59 行复制来的。

⑥ 注释部分为"//数字+改"的表示这一行代码是根据其样例文件中对应行的代码修改而成的。其中,"数字"为这一行代码在其样例文件中行号,"改"字表示这一行修改过,行中黑体部分为所修改的内容。例如第 9 行代码后面的注释为"//65 改",表示 Coordinator.c 中的第 9 行代码是根据 SampleApp.c 中第 65 行代码修改而成,修改处为 Coordinator.h。

⑦ 代码后面无行号注释的表示该行代码是我们根据功能要求而添加的程序代码。例如,第 89 行代码后面无行号注释,表示第 89 行代码是我们添加的。

⑧ 为了方便读者阅读,在编制应用程序时我们保留了样例文件中部分代码行之间的空行,在输入程序时可以去掉这些空行。

复制修改后的协调器程序代码如下:

```
1   /******************************************************************
2                   项目 2   在协议栈中控制 LED 闪烁
3                          调器程序(Coordinator.c)
4   ******************************************************************/
5   #include "OSAL.h"                         //59
6   #include "ZGlobals.h"                     //60
7   #include "AF.h"                           //61
8   #include "ZDApp.h"                        //63
9   #include "Coordinator.h"                  //65 改
10  #include "OnBoard.h"                      //68
```

```
11    #include "hal_led.h"                                    //72
12
13    const cId_t SampleApp_ClusterList[SAMPLEAPP_MAX_CLUSTERS] =//92
14    {                                                       //93
15      SAMPLEAPP_PERIODIC_CLUSTERID,          //94
16    };                                                      //96
17
18    const SimpleDescriptionFormat_t SampleApp_SimpleDesc =//98   简单的端口描述
19    {                                                       //99
20      SAMPLEAPP_ENDPOINT,                    //100   端口号
21      SAMPLEAPP_PROFID,                      //101   应用规范 ID
22      SAMPLEAPP_DEVICEID,                    //102   应用设备 ID
23      SAMPLEAPP_DEVICE_VERSION,              //103   应用设备版本号（4bit）
24      SAMPLEAPP_FLAGS,                       //104   应用设备标志（4bit）
25      SAMPLEAPP_MAX_CLUSTERS,                //105   输入簇命令个数
26      （cId_t *）SampleApp_ClusterList,      //106   输入簇列表
27      SAMPLEAPP_MAX_CLUSTERS,                //107   输出簇命令个数
28      （cId_t *）SampleApp_ClusterList       //108   输出簇列表
29    };                                                      //109
30
31    endPointDesc_t SampleApp_epDesc;         //115   应用端口描述
32    uint8 SampleApp_TaskID;                  //128   应用程序中的任务 ID 号
33    devStates_t SampleApp_NwkState;          //131   网络状态
34    uint8 SampleApp_TransID;                 //133   传输 ID,每传输一个数据包,则加 1
35    //应用程序初始化函数
36    void SampleApp_Init（uint8 task_id）     //173
37    {                                                       //174
38      SampleApp_TaskID = task_id;            //175   应用任务（全局变量）初始化
39      SampleApp_NwkState = DEV_INIT;         //176   网络状态初始化:无连接
40      SampleApp_TransID = 0;                 //177   传输 ID 号初始化
41      // 应用端口初始化

42    SampleApp_epDesc.endPoint = SAMPLEAPP_ENDPOINT;    //213  端口号
43    SampleApp_epDesc.task_id = &SampleApp_TaskID;      //214  任务号
44    SampleApp_epDesc.simpleDesc                        //215  端口的其他描述
45      = （SimpleDescriptionFormat_t *）&SampleApp_SimpleDesc;//216
46    SampleApp_epDesc.latencyReq = noLatencyReqs;       //217  端口的延迟响应
47
48      afRegister（&SampleApp_epDesc）;                 //220  端口注册
49    }                                                       //233
50    //事件处理函数
51    uint16 SampleApp_ProcessEvent（uint8 task_id, uint16 events）  //248
52    {                                                       //249
53      afIncomingMSGPacket_t *MSGpkt;                   //250  定义指向接收消息的指针
```

```
54      (void)task_id;                                    //251 未引用的参数
55
56      if ( events & SYS_EVENT_MSG )                     //253 判断是否为系统强制事件
57      {                                                 //254
58        MSGpkt = (afIncomingMSGPacket_t *) osal_msg_receive ( SampleApp_TaskID );
                                                          //255 从消息队列中取消息
59        while ( MSGpkt )                                //256 有消息（消息处理完毕）?
60        {                                               //257
61          switch ( MSGpkt->hdr.event )                  //258 判断消息中的事件域
62          {                                             //259
63            case ZDO_STATE_CHANGE:                      //271 ZDO 的状态变化事件
64              SampleApp_NwkState = (devStates_t)(MSGpkt->hdr.status);
                                                          //272 读设备状态
65              if ( (SampleApp_NwkState == DEV_ZB_COORD)  //273 若为协调器
66                   || (SampleApp_NwkState == DEV_ROUTER) //274 路由器
67                   || (SampleApp_NwkState == DEV_END_DEVICE))  //275 或终端节点
68              {                                         //276
69                osal_start_timerEx ( SampleApp_TaskID,  //278 延时一段时间后
70                                SAMPLEAPP_SEND_PERIODIC_MSG_EVT,//279 设置用户事件
71                                SAMPLEAPP_SEND_PERIODIC_MSG_TIMEOUT );//280
72              }                                         //281
73              break;                                    //286
74              //在此处可添加系统事件的其他子事件处理
75            default:                                    //288
76              break;                                    //289
77          }                                             //290
78
79          osal_msg_deallocate ( (uint8 *) MSGpkt );     //293 释放消息所占存储空间
80
81          MSGpkt = (afIncomingMSGPacket_t *) osal_msg_receive ( SampleApp_TaskID );
                                                          //296 再从消息队列中取消息
82        }                                               //297
83
84        return (events ^ SYS_EVENT_MSG);                //300 返回未处理完的系统事件
85      }                                                 //301
86      //以下为用户事件处理
87      if ( events & SAMPLEAPP_SEND_PERIODIC_MSG_EVT )   //305 是用户事件吗?
88      {                                                 //306
89        HalLedSet(HAL_LED_1,HAL_LED_MODE_TOGGLE);//LED1 的状态翻转
90        // 再次触发用户事件
91        osal_start_timerEx ( SampleApp_TaskID, SAMPLEAPP_SEND_PERIODIC_MSG_EVT,
                                                          //311 设置下次启动事件的时间
92               (SAMPLEAPP_SEND_PERIODIC_MSG_TIMEOUT + (osal_rand() & 0x00FF)));
                                                          //312
```

93	return (events ^ SAMPLEAPP_SEND_PERIODIC_MSG_EVT);		
		//315 返回未处理完毕的用户事件	
95	}	//316	
96			
97	return 0;	//319 丢弃未知事件	
98	}	//320	

3. 编制头文件 Coordinator.h

Coordinator.h 文件的样例文件是 SampleApp.h 文件，该文件是 Coordinator.c 文件对其他程序模块的接口文件。编制 Coordinator.h 文件的方法是，从 SampleApp.h 文件中复制代码至 Coordinator.h 文件中，并对复制后程序进行修改。复制修改后的协调器程序代码如下：

```
1   /************************************************************************
2                       项目 2    在协议栈中控制 LED 闪烁
3                                (Coordinator.h)
4   功能:宏定义,函数说明
5   *************************************************************************/
6   #ifndef SAMPLEAPP_H                                          //40
7   #define SAMPLEAPP_H                                          //41
8
9   #include "ZComDef.h"                                         //51
10
11  #define SAMPLEAPP_ENDPOINT              20          //59
12  #define SAMPLEAPP_PROFID                0x0F08      //61
13  #define SAMPLEAPP_DEVICEID              0x000       //62
14  #define SAMPLEAPP_DEVICE_VERSION        0           //63
15  #define SAMPLEAPP_FLAGS                 0           //64
16  #define SAMPLEAPP_MAX_CLUSTERS          1           //66 改
17  #define SAMPLEAPP_PERIODIC_CLUSTERID 1              //67
18
19  // 发送消息的时间间隔
20  #define SAMPLEAPP_SEND_PERIODIC_MSG_TIMEOUT    500   //71 改 时间间隔 0.5s
21
22  // 定义用户事件
23  #define SAMPLEAPP_SEND_PERIODIC_MSG_EVT        0x0001  //74
24
25  extern void SampleApp_Init ( uint8 task_id );        //93
26  extern UINT16 SampleApp_ProcessEvent ( uint8 task_id, uint16 events );  //98
27
28  #endif                                               //105
```

4. 修改 OSAL_SampleApp.c 文件

在实际应用中，一般不会对 OSAL_SampleApp.c 文件作较大幅度的修改，本例中仅需将 OSAL_SampleApp.c 文件中的第 65 行的#include "SampleApp.h"改为#include "Coordinator.h"。为了节省篇幅，在此我们就不列出修改后的 OSAL_SampleApp.c 文件了。

5. 移除 App 组中的多余文件

App 组中的 OSAL_SampleApp.c、SampleApp.c、SampleApp.h、SampleAppHw.c、SampleAppHw.h 共 5 个文件是 TI 公司提供给用户的 5 个样例文件。基于 ZStack 的应用系统开发主要是根据应用的功能要求对这 5 个文件进行剪裁。

本例中，我们是直接对 OSAL_SampleApp.c 进行了修改，这个文件需保存在工程中，对于其他的几个文件，我们采取的方法是，根据需要从这些文件中复制相关代码至对应的应用程序文件中。程序编写完毕后，SampleApp.c、SampleApp.h、SampleAppHw.c、SampleAppHw.h 4 个文件就是多余的，另外，这 4 个文件中的许多全局变量、宏、函数等与我们编写的应用程序中的全局变量、宏、函数同名，程序编译时会产生错误，因此需要将这 4 个样例文件从工程中移除出去。从 App 组中移除多余文件的方法如下：

① 右击 App 组中的 SampleApp.c 文件，在弹出的快捷菜单中选择"Remove"菜单项，如图 2-7 所示，系统会弹出如图 2-8 所示的移除确认对话框。然后在移除确认

图 2-7 从工程中移除 SampleApp.c 文件

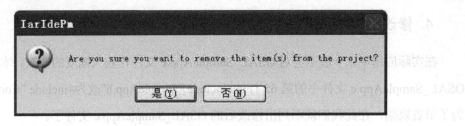

图 2-8 移除确认对话框

对话框中单击"是"按钮,IAR 就会将所选择的 SampleApp.c 文件从工程中移除出去。

② 按照上述方法将 SampleApp.h、SampleAppHw.c、SampleAppHw.h 从工程中移除掉。

6. 编译下载程序

编译下载程序包括编译、连接协调器程序、将程序下载至协调器中两部分内容,其操作方法如下。

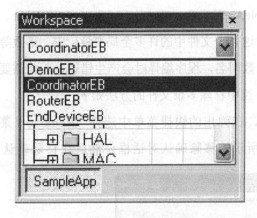

图 2-9 选择协调器

(1) 将设备类型设置成协调器

单击 Workspace 窗口中的下拉列表框,从展开的列表框中选择 CoordinatorEB 列表项,如图 2-9 所示。

(2) 编译、连接程序

选择菜单栏中的"Project"→"make"菜单项,IAR 就会对工程中的文件进行编译、连接,并在 build 窗口中显示编译、连接后的结果,如图 2-10 所示。

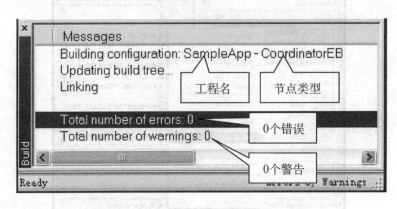

图 2-10 build 窗口

(3) 连接仿真器

连接仿真器的操作步骤如下。

第 1 步：关掉 ZigBee 模块上的电源。

第 2 步：用 10P 排线将仿真器上的 10P 牛角座与 ZigBee 模块上的 10P 牛角座相连。

第 3 步：用 USB 线将仿真器上 USB 口与计算机上的 USB 口相接。

第 4 步：接通 ZigBee 模块上的电源。这时可以看到仿真器上的指示灯呈红色显示，表明仿真器还不能与 ZigBee 模块进行通信。

第 5 步：按下仿真器上的"复位"按钮，让仿真器复位。这时可以看到仿真器上的指示灯呈绿色显示，表明仿真器与 ZigBee 模块通信成功，当前可以通过仿真器给 ZigBee 模块下载程序或者对程序进行硬件仿真调试。

(4) 下载程序至协调器中

下载程序的操作步骤如下。

第 1 步：单击工具栏中的下载调试图标按钮 ▶ （参考图 1-32），或者单击菜单栏中的 "Project"→"Download and Debug"菜单项，IAR 就会通过仿真器将程序下载至 ZigBee 模块中，程序下载完毕后，IAR 进入仿真调试状态，如图 2-11 所示。

图 2-11 调试状态下的 IAR 窗口

从图 2-11 中我们可以看出，进入调试状态后，系统要执行的第 1 条语句是 ZMain.c 文件中 main（）函数的"osal_int_disable（ INTS_ALL）;"语句。如果用调试工具栏中的相关命令，我们就可以追踪程序的运行过程。

第 2 步：单击"调试"工具栏中的"全速运行"图标按钮，我们就可以看到 ZigBee 模块上的 LED1 不停地闪烁。

第 3 步：单击"结束调试"图标按钮，IAR 就会退出调试状态而进入编辑状态，此时我们可以看到 ZigBee 模块上的 LED1 仍会不停地闪烁。

【说明】

本例中所介绍的实现步骤也是基于 ZStack 的其他应用系统开发的一般步骤，在后续各项目的实施过程中我们都是按照上述步骤实施的。

程序分析

1. App 组中的文件

在 ZStack 提供的 SamplesApp 例程中，App 组中有 SampleApp.c、SampleApp.h、OSAL_SampleApp.c、SampleAppHw.c 和 SampleAppHw.h 5 个程序文件。这 5 个文件的作用介绍如下。

（1）SampleApp.c 文件

该文件是 ZDO 应用程序的模板文件，文件中只提供了一个应用程序的框架结构，并没有做什么实质性的工作，文件的核心部分是 SampleApp_ProcessEvent（）和函数 SampleApp_Init（）函数，每一个基于 ZStack 的应用系统中都有这 2 个函数，这 2 个函数分别完成应用初始化和应用事件的处理。有关这 2 个函数的代码功能，我们将在后续的学习中结合实例再进行分析。在 OSAL_SampleApp.c 文件中需要调用这 2 个函数，这 2 个函数必须在 SampleApp.h 文件中进行说明。

文件中还包括一些其他函数，如消息处理函数 SampleApp_MessageMSGCB（）、发送消息函数 SampleApp_SendPeriodicMessage（）等，这些函数并不是每个设备都必须具备的，它们是根据应用的需要而定制的，这些函数只在本模块文件中调用，其函数说明放在本文件的开头部分。

进行应用系统开发时，协调器、路由路和终端节点的应用程序一般是由 SampleApp.c 文件剪裁而成的。例如，本例中的协调器程序文件 Coordinator.c 文件就是根据 SampleApp.c 文件剪裁而成的。

（2）SampleApp.h 文件

SampleApp.h 是 SampleApp.c 对应的头文件，是 SampleApp.c 文件对其他程序模块的接

口文件，其作用是对 SampleApp.c 文件中所用的部分宏进行定义，同时对 SampleApp.c 文件中的部分全局变量、函数进行说明，以便于其他模块文件中可以使用这些宏、全局变量和函数。

SampleApp.c 文件中使用了许多宏，同时定义了许多全局变量和函数，在这些宏、全局变量和函数中，有一部分需要开放给其他模块文件中使用，有一部分只在 SampleApp.c 文件中使用。开放给其他模块文件中使用的宏就放在 SampleApp.h 中定义，不开放给其他模块文件中使用的宏则在 SampleApp.c 文件的开头处定义，所有的全局变量和函数都在 SampleApp.c 文件中定义，开放给其他模块文件中使用的全局变量和函数则在 SampleApp.h 文件中进行说明，不开放给其他模块文件中使用的函数则在 SampleApp.c 文件的开头处进行说明。上述原则实际上是模块化程序设计中有关宏、全局变量、函数的定义和说明的规则。

（3）OSAL_SampleApp.c 文件

OSAL_SampleApp.c 文件由函数 osalInitTasks（）、数组 tasksArr[]、变量 tasksCnt、tasksEvents 组成。函数 osalInitTasks（）的作用是对系统中的任务进行初始化，数组 tasksArr[] 中存放的是各任务的事件处理函数入口地址（函数名），变量 tasksCnt 存放的是系统中任务总数，tasksEvents 用来存放各任务的事件状态。有关这些函数、变量的用法我们将后续的学习中再进行详细介绍。

每一个节点程序中都要使用 OSAL_SampleApp.c 模块程序，由于 OSAL_SampleApp.c 文件的结构比较固定，在实际应用中，对该模块文件的修改比较少。

（4）SampleAppHw.c 文件

该文件主要由一些跳线引脚的宏定义和函数 readCoordinatorJumper（）组成，其作用是对硬件电路进行设置。TI 公司提供的 ZigBee 模块中设置了一些跳线，改变这些跳线的位置后就会改变模块的电路结构，该文件就是为了解决因跳线改变而导致电路变化时需对相关硬件电路进行设置的问题。

在实际应用中，如果使用的不是 TI 公司生产 ZigBee 模块，那么 SampleAppHw.c 文件及其对应的头文件 SampleAppHw.h 一般不用。

（5）SampleAppHw.h 文件

SampleAppHw.h 是 SampleAppHw.c 文件对其他程序模块的接口文件。其内容是对函数 readCoordinatorJumper（）进行说明。

2. Coordinator.c 文件中的代码分析

（1）文件的总体结构

Coordinator.c 文件比较简单，它是按照模块文件的组织规范由 SampleApp.c 文件剪裁而成的，文件中只有头文件包含、全局变量定义、函数定义 3 部分。Coordinator.c 文件的总体结构如表 2-4 所示。

表 2-4　Coordinator.c 文件的总体结构

行号	内容
5～11 行	头文件包含
13～34 行	全局变量定义
36～49 行	SampleApp_Init（）函数的定义
51～99 行	SampleApp_ProcessEvent（）函数的定义

Coordinator.c 文件中使用了一些在其他文件中定义的数据类型、函数、全局变量、宏。例如，第 13 行中的 cId_t 类型是在 AF.h 文件中定义的，第 39 行中的 DEV_INIT 是在 ZDApp.h 文件中定义的，第 79 行中的 osal_msg_deallocate（）函数的说明位于 OSAL.h 文件中。C 语言规定，变量、函数、宏、自定义的数据类型必须先定义后使用。因此必须在程序的开头处用"#include"指令将这些数据类型、宏定义所在的头文件以及全局变量、函数说明所在的头文件包含至文件中。如果将第 5～第 11 行的头文件包含指令注释掉，程序编译时就会出现许多错误，如图 2-12 所示。

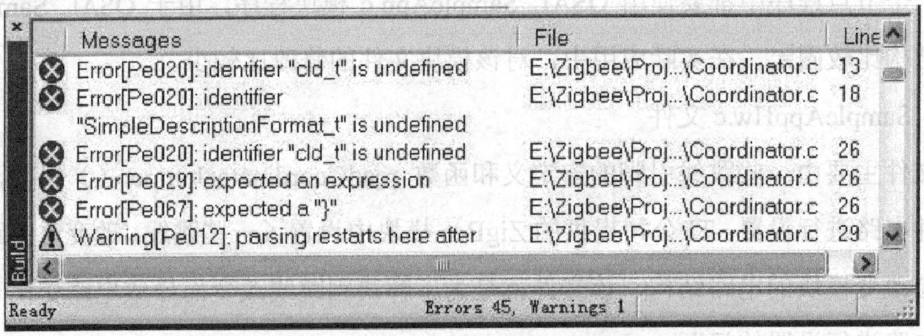

图 2-12　去掉头文件包含后编译错误

【说明】

在分析和研究 ZStack 程序时常需查看程序中有关数据类型、宏、全局变量、函数的定义，查看这些定义的操作方法相同，它们都是用 IAR 提供的"Go to definition of"快捷菜单命令来查看的。以查看 cId_t 数据类型的定义为例，查看定义的操作方法如下：

右击 cId_t，在弹出的快捷菜单中选择"Go to definition of cId_t"菜单项，如图 2-13 所示。IAR 就会打开 cId_t 定义所在的文件，并将光标转至 cId_t 定义处。

图 2-13 "Go to definition of" 快捷菜单命令

单击窗口中的"查看函数"图标按钮可以查看一个程序文件中的函数。以查看 Coordinator.c 文件中的函数为例，查看程序文件中的函数的操作方法如下：

① 在 IAR 处于文件编辑状态下打开 Coordinator.c 文件，Coordinator.c 文件就会变成"编辑"窗口中的当前文件，窗口的底部会出现"查看函数"图标按钮 {f0}，如图 2-14 所示。

② 单击"查看函数"图标按钮 {f0}，系统会弹出"Go to Function"窗口，并在窗口中显示文件中的所有函数，如图 2-14 所示。

③ 在"Go to Function"窗口中双击某个函数名，例如双击 Sample App_Init，光标就会转到 Coordinator.c 文件中 SampleApp_Init（）函数的定义处。

(2) 全局变量定义

图 2-14 查看程序文件中的函数

Coordinator.c 文件中的第 13 行～第 34 行为全局变量定义，文件中定义了 SampleApp_ClusterList、SampleApp_SimpleDesc、SampleApp_epDesc、SampleApp_TaskID、SampleApp_NwkState、SampleApp_TransID 6 个全局变量。

第 13 行～第 16 行：定义簇列表数组 SampleApp_ClusterList。

数组 SampleApp_ClusterList[]的类型为 cId_t，它是一个自定义类型，代表的是 unsigned short 型,其定义位于 AF.h 文件中。数组定义的前面有关键字 const,表示这个数组是一个常型数组,即数组的各元素的值只能读取,不能改写。

C 语言中,关键字 const 常用来将一个变量说明成只读型变量,只读型变量只能在变量定义时初始化,不能在程序运行中赋初值。所以在定义 SampleApp_ClusterList[]数组时我们同时对数组中的各元素进行了初始化。数组中,符号 SAMPLEAPP_MAX_CLUSTERS 为簇命令的个数,即数组中元素的个数。符号 SAMPLEAPP_PERIODIC_CLUSTERID 是用户自定义的簇命令代码。这 2 个符号是 Coordinator.h 中定义的 2 个宏。

族列表数组用来存放用户自定义的簇命令,即自定义的无线传输中的命令。本例中,我们并没有进行无线通信,定义此数组并没有什么实际意义,但考虑到后面的端口描述变量中需指定族列表及簇命令的个数,为了将问题简单化,在本例的程序中我们仍保留了此数组。

第 18 行～第 29 行:定义简单的端口描述变量 SampleApp_SimpleDesc。该变量是一个只读型结构体变量,其中 SimpleDescriptionFormat_t 是 AF.h 文件中定义的结构体类型,其说明如下:

```
typedef struct
{
    byte    EndPoint;              //端口号
    uint16  AppProfId;             //应用规范 ID
    uint16  AppDeviceId;           //应用设备 ID
    byte    AppDevVer:4;           //应用设备版本号(4bit)
    byte    Reserved:4;            //保留(4bit),在 AF_V1_SUPPORT 中作应用设备标志
    Byte    AppNumInClusters;      //输入簇命令个数
    cId_t   *pAppInClusterList;    //输入簇列表的地址
    byte    AppNumOutClusters;     //输出簇命令个数
    cId_t   *pAppOutClusterList;   //输出簇列表的地址
} SimpleDescriptionFormat_t;
```

代码中,第 20 行～第 28 行是结构体变量的各成员的初始值,它们是用一些符号表示的,这些符号是 Coordinator.h 中定义的宏。

第 31 行:定义应用端口的描述变量 SampleApp_epDesc。该变量是一个结构体变量,其中,endPointDesc_t 是 AF.h 文件中定义的结构体类型,其说明如下:

```
typedef struct
{
    byte endPoint;                              //端口号
    byte *task_id;                              //指向应用任务号的指针
    SimpleDescriptionFormat_t *simpleDesc;      //指向简单的端口描述变量的指针
    afNetworkLatencyReq_t latencyReq;           //端口的延迟响应
```

} endPointDesc_t;

由此可见，endPointDesc_t 类型的变量中包含了 SimpleDescriptionFormat_t 变量的信息，在后面程序分析中我们可以看到，SampleApp_epDesc 变量包含了 SampleApp_SimpleDesc 变量的相关信息。

SampleApp_SimpleDesc 变量描述的是 ZigBee 联盟中所规定的端口参量，它只是对端口进行了一些最基本的描述，因而称之为简单的端口描述。

SampleApp_epDesc 变量是 ZStack 为了方便编程而定义的应用端口变量。它是对 SampleApp_SimpleDesc 的一种扩充，增加了端口的任务号、端口号、端口的延迟响应时间等可以在程序中进行设置的参量。由于 SampleApp_SimpleDesc 是一个只读变量，在应用程序中读写应用端口的端口号时访问的是 SampleApp_epDesc.endPoint 而不是 SampleApp_SimpleDesc.EndPoint。有关端口的含义、怎样使用端口等相关知识我们将再后续学习中再作详细讲解。

第 32 行：定义变量 SampleApp_TaskID，该变量用来存放应用程序中的任务号。

第 33 行：定义变量 SampleApp_NwkState，该变量用来存放节点的网络状态，变量的类型为枚举型。其中，devStates_t 的定义位于 ZDApp.h 文件中，其定义如下：

```
typedef enum
{
    DEV_HOLD,                    //已初始化，不自动起动
    DEV_INIT,                    //已初始化，无任何连接
    DEV_NWK_DISC,                //发现个域网加入
    DEV_NWK_JOINING,             //加入至个域网
    DEV_NWK_REJOIN,              //重新加入个域网
    DEV_END_DEVICE_UNAUTH,       //已加入但未被认证，为终端设备
    DEV_END_DEVICE,              //已认证、已启动，为终端设备
    DEV_ROUTER,                  //已认证、已启动，为路由器
    DEV_COORD_STARTING,          //已起动，为协调器
    DEV_ZB_COORD,                //已以协调器的角色启动
    DEV_NWK_ORPHAN               //无父信息
} devStates_t;
```

第 34 行：定义变量 SampleApp_TransID，该变量用来存放传输数据包的编号，以便数据接收方可以检查数据传输是否存在丢包现象，并计算丢包率。该变量实际上是一个软件计数器，在数据传输中，每传输一个数据包，ZStack 就会将此变量的值加 1。

（3）应用初始化程序分析

第 36 行～第 49 行为初始化程序的代码。初始化程序只做了 2 件事，一是对文件中的全局变量赋初值，二是注册应用端口。Coordinator.c 文件中定义了 6 个全局变量，其中有 2

个为只读变量，它们的初始化是在变量定义时完成的，其他 4 个变量的初始化是在 SampleApp_Init（）函数中完成的。

第 38 行：变量 SampleApp_TaskID（任务号）初始化，其值是由函数调用时通过参数 task_id 传递过来的，实际上是任务列表中最后一个任务的任务号（其原因我们将 OSAL 工作机理分析时再作介绍）。

第 39 行：变量 SampleApp_NwkState（节点的网络状态）初始化，其值为无连接。其中 DEV_INIT 是 ZDApp.h 文件中定义的一个枚举值，表示节点已初始化，但无任何连接。

第 40 行：变量 SampleApp_TransID（传输 ID 号）初始化，初值为 0。

第 42 行~第 46 行：应用端口描述变量 SampleApp_epDesc 初始化。

第 42 行：设置应用端口的端口号。

第 43 行：设置应用端口的任务号。

第 44 行~第 45 行：设置应用端口的簇命令数、簇列表地址等参数，这些参量是通过指针指向简单端口描述变量 SampleApp_SimpleDesc 来实现的。

第 46 行：设置应用端口的响应延迟时间。其中，noLatencyReqs 是 AF.h 文件中定义的枚举常数，其值为 0。

第 48 行：用 afRegister（）函数注册应用端口 SampleApp_epDesc。在 ZStack 中，端口只有注册后，OSAL 才能为其提供系统服务。

afRegister（）函数的定义位于 AF.c 文件中，其原型说明如下：

afStatus_t afRegister（ endPointDesc_t *epDesc ）;

函数的功能是，注册一个应用端口。其参数是应用端口变量的地址，返回值为注册后的状态。

（4）事件处理程序分析

SampleApp_ProcessEvent（）函数由 2 个 if 语句与 1 个 return 语句组成，每个 if 语句中各包含一个 return 语句。SampleApp_ProcessEvent（）函数可简化成以下结构：

```
uint16 SampleApp_ProcessEvent（ uint8 task_id, uint16 events ）
{
    if（events & SYS_EVENT_MSG）                     //56  第 1 个 if 语句
    {
        //第 58 行~第 83 行代码   功能：系统事件处理
        return（events ^ SYS_EVENT_MSG）;            //84
    }
    if（events & SAMPLEAPP_SEND_PERIODIC_MSG_EVT）   //87  第 2 个 if 语句
    {
        //第 89 行~第 94 行代码   功能：用户事件处理
```

```
            return（events ^ SAMPLEAPP_SEND_PERIODIC_MSG_EVT）;    //95
    }
        return 0;                                                  //97
}
```

第 1 个 if 语句复杂一些，if 语句中嵌套了一个 while 循环，while 循环中又嵌套了一个 switch-case 语句。第 59 行～第 81 行为 while 循环语句，第 61 行～第 77 行为 switch-case 语句。SampleApp_ProcessEvent（）函数的流程图如图 2-15 所示，其中，每个框后的数字为代码的行号。

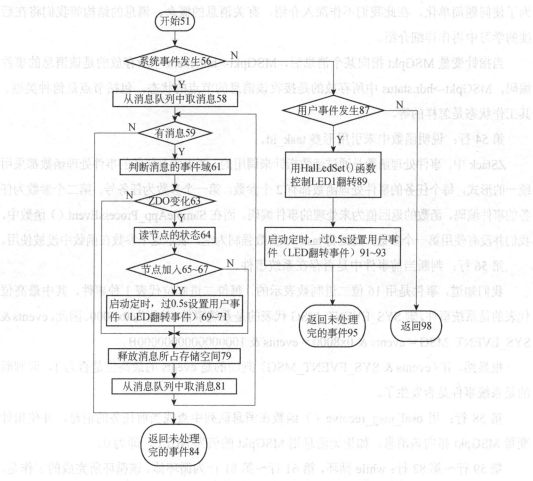

图 2-15 SampleApp_ProcessEvent（）函数的流程图

在 ZStack 中，SampleApp_ProcessEvent（）函数是在一个死循环中被调用的，每隔一段时间，该函数将被执行一次。在理解 SampleApp_ProcessEvent（）函数时，需要将该函数想象成在函数体的开始处与结束处有一个死循环。

通过上述结构分析，我们可能看出函数的总体功能是，检查当前任务的事件，若有系统事件发生，则进行系统事件处理，若有用户事件发生，则进行用户事件处理，该函数每调用一次，最多只处理一个事件，而且系统事件优先处理。

函数体中各行代码的具体功能如下：

第 53 行：定义指向消息结构体的指针变量 MSGpkt。其中，afIncomingMSGPacket_t 是 AF.h 文件中定义的消息结构体类型。

消息结构体中包含许多信息，包括消息的事件编码、与事件相关的应用数据、节点的状态、数据是哪里发送来、发送到哪里去、是何时发送的、是用什么命令发送的，等等。为了使问题简单化，在此我们不作深入介绍，有关消息的概念、消息的结构等我们将在后续的学习中再作详细介绍。

当指针变量 MSGpkt 指向某个消息后，MSGpkt->hdr.event 中所存放的是该消息的事件编码，MSGpkt->hdr.status 中所存放的是接收该消息的节点的状态，包括节点是何种类型、其工作状态是怎样的等。

第 54 行：说明函数中未引用形参 task_id。

ZStack 中，事件处理函数是通过函数指针来调用的，要求所有任务的事件处理函数都采用统一的形式，每个任务的事件处理函数都有 2 个参数，第一个参数为任务号，第二个参数为任务的事件编码，函数的返回值为未处理的事件编码。而在 SampleApp_ProcessEvent（）函数中，我们并没有使用第一个参数，此处将 task_id 参数强制为空，表示这个参数在函数中没被使用。

第 56 行：判断当前事件中是否存在系统事件。

我们知道，事件是用 16 位二进制数表示的，每位二进制位代表 1 种事件，其中最高位代表的是系统事件。宏 SYS_EVENT_MSG 代表的是系统事件，其值为 0x8000。因此，events & SYS_EVENT_MSG = events & 0x8000 = events & 1000000000000000B。

很显然，if（events & SYS_EVENT_MSG）判断的是 events 的最高位是否为 1，即判断的是系统事件是否发生了。

第 58 行：用 osal_msg_receive（）函数在消息队列中查找当前任务的消息，并使指针变量 MSGpkt 指向该消息，如果无消息则 MSGpkt 的值为 NULL，即为 0。

第 59 行～第 82 行：while 循环，第 61 行～第 81 行为循环体。该循环所完成的工作是，根据消息的事件类型作对应的事件处理，事件处理结束后，释放消息所占用的存储空间，然后再从消息队列中取一条消息，如此反复，直至所有消息处理完毕。

第 59 行：判断 MSGpkt 所指的消息是否为空。

第 61 行～第 77 行：switch-case 分支结构。这几行的功能是，根据消息的事件类型作对应的事件处理。

第 61 行：判断消息中 hdr 域的 event 域，即判断消息中所存放的事件编码。

第 63 行：判断消息中的事件是否为节点加入网络事件。

第 64 行：读取消息中 hdr 域的 status 域，即读取接收该消息的节点的状态值，并将其状态赋给变量 SampleApp_NwkState。

第 65 行～第 67 行：判断节点的类型。其中，DEV_ZB_COORD、DEV_ROUTER、DEV_END_DEVICE 是 ZDApp.h 文件中定义的 3 个枚举值，分别表示协调器、路由器、终端节点。

第 69 行：调用 osal_start_timerEx（）函数启动定时，定时时长为 SAMPLEAPP_SEND_PERIODIC_MSG_TIMEOUT，定时时间到后为 SampleApp_TaskID（当前任务）设置 SAMPLEAPP_SEND_PERIODIC_MSG_EVT 事件。其中，SAMPLEAPP_SEND_PERIODIC_MSG_EVT 是 Coordinator.h 中定义的宏，在本例中，它代表的是 LED1 状态翻转事件。SAMPLEAPP_SEND_PERIODIC_MSG_TIMEOUT 也是 Coordinator.h 中定义的宏，它代表的是定时器定时的时长。本例中，我们主要是想让读者了解基于 ZStack 的应用程序开发方法，程序中的标志符我们尽量采用了 ZStack 样例文件中提供的标志符，以方便读者在实践中查找相对应的代码。在后续的项目中，我们将会按照宏所表示的意义对宏名进行适当修改。

第 73 行：第 1 个分支结束。

如果还需要处理其他子事件，可在第 74 行处模仿第 63 行～第 73 行的结构添加子事件处理代码。

第 79 行：用 osal_msg_deallocate（）函数释放消息所占据的存储空间。

在 ZStack 中，节点接收到的消息是存放在堆中的，如果不及时释放，这些无用的消息就会占据大量的存储空间，很容易造成内存泄漏。因此，当一个消息处理完毕后，就需要用 osal_msg_deallocate（）函数将该消息所占据的存储空间释放掉。

第 81 行：用 osal_msg_receive（）函数在消息队列中查找下一条消息，然后转至 59 行再对消息进行处理，直至消息队列中的所有消息处理完毕。

第 84 行：返回未处理完的事件。

SYS_EVENT_MSG 的值为 0x8000=1000000000000000B，events ^ SYS_EVENT_MSG 的结果是，events 的最高位被清 0，其他位的值保持不变。因此返回值中只清除了系统事件的标志位，其他事件的标志位并没有清除，如果在下次调用 SampleApp_ProcessEvent（）函数之前无系统事件发生的话，则 SampleApp_ProcessEvent（）函数就会对其他事件进行判断处理。

第 85 行：第 1 个 if 语句的结束处，本行的"}"与 57 行的"{"对应。

第 87 行～第 96 行：第 2 个 if 语句。其作用是判断处理用户事件。

第 87 行：判断当前事件中是否存在用户事件。

SAMPLEAPP_SEND_PERIODIC_MSG_EVT 是用户事件宏，其定义位于 Coordinator.h

文件中，本例中代表 LED1 状态翻转事件。

第 89 行：用 HalLedSet（）函数将 LED1 的状态翻转一次。

本行是我们编写的唯一的一句程序代码。

第 91 行～第 92 行：再次启动定时，过 SAMPLEAPP_SEND_PERIODIC_MSG_TIMEOUT+（osal_rand（）& 0x00FF）时间后再次设置 SAMPLEAPP_SEND_PERIODIC_ MSG_EVT 用户事件（LED1 状态翻转事件）。

在 SampleApp_ProcessEvent（）事件处理函数中，事件处理完毕后会将事件的标志位清 0，如果不再设置 SAMPLEAPP_SEND_PERIODIC_MSG_EVT 事件，那么第 89 行的代码以后就不会再执行。

代码中 osal_rand（）是 OSAL.c 文件中定义的函数，其作用是产生一个随机数，此处的作用是随机产生一个附加时间，在程序中可以删去（osal_rand（）& 0x00FF）。SAMPLEAPP_SEND_PERIODIC_MSG_TIMEOUT 是 Coordinator.h 文件中定义的宏，代表的是定时的时长，值为 500，即定时 0.5s。

第 94 行：返回未处理完的事件。

SAMPLEAPP_SEND_PERIODIC_MSG_EVT 的值为 0x0001。由此我们可以看出，在本例中我们是用 events 的最低位表示 LED1 翻转这个用户事件的。events ^ SAMPLEAPP_ SEND_PERIODIC_MSG_EVT 结果是将 events 的最低位清 0，所以这一行代码的功能是，清除 LED1 翻转这一用户事件，并返回 events 中其他事件。

3. Coordinator.h 文件中的代码分析

Coordinator.h 是 Coordinator.c 对应的头文件，是 Coordinator.c 文件对其他程序模块的接口文件，其作用是对 Coordinator.c 文件中所用的部分宏进行定义，同时对 Coordinator.c 文件中的部分全局变量、函数进行说明，以便于其他模块文件中可以使用这些宏、全局变量和函数。Coordinator.h 文件中各行代码的功能如下：

第 6 行与第 28 行是一对条件编译指令。其含义是，如果程序中定义了 SAMPLEAPP_H 符号，则对第 7 行～第 26 行代码进行编译。

第 7 行：定义符号 SAMPLEAPP_H。这里所定义的符号与第 6 行中所提及的符号为同一个符号。

在头文件中，一般采用以下结构控制代码的编译：

L1　　#ifndef XXX
L2　　#define XXX
L3　　头文件中的文件包含、宏定义、类型定义、全局变量和函数说明等

L4   #endif

其中，XXX 为用户定义的标志符，常用文件名的大写字母表示，这样可以避免多个头文件中的标志符相互重复的问题。本例的代码是从 SampleApp.h 中复制过来的，所以第 6 行、第 7 行中的标志符仍为 SampleApp.h 中的 SAMPLEAPP_H。

这种结构的含义是，如果没有定义符号 XXX，则定义符号 XXX，然后再对 L3 行的代码进行编译。采用这种结构后，如果这个头文件被某个文件多次包含，则 L3 行的代码只编译一次，这样可以避免出现同一个宏或者数据类型被多次定义的错误。

第 9 行：包含头文件 ZComDef.h。ZComDef.h 文件中主要是一些数据类型定义，其中还包含了头文件 comdef.h。在第 26 行中用到自定义类型 UINT16，这个数据类型的定义位于 comdef.h 文件，如果注释掉第 9 行的文件包含命令，文件编译时就会出现符号没定义的错误。

第 11 行～第 23 行：宏定义。这些宏的含义如下。

第 11 行：定义端口号。

第 12 行：定义应用规范 ID。此值是 ZigBee 联盟统一规划的。

第 13 行：定义应用设备 ID。

第 14 行：定义应用设备版本号。

第 15 行：定义应用设备标志。

第 16 行：定义簇命令个数。

第 17 行：定义命令的标志符。

第 20 行：定义定时时间，单位为 ms。

第 23 行：定义用户事件。在本例中，SAMPLEAPP_SEND_PERIODIC_MSG_EVT 代表的是 LED1 状态翻转事件。

第 25 行～第 26 行：对 Coordinator.c 中的函数进行说明。关键字 extern 用来说明所申明的函数或者变量是在其他模块文件中定义的。

实践拓展

为了进一步探究协调器在网络中的角色，下面我们在本例的基础上再做 2 个实验，请读者观察实验现象，并弄清楚产生这些现象的原因。

1. 在无协调器的条件下运行程序

操作方法如下。

第 1 步：关闭协调器的电源。

第 2 步：打开"E:\ZigBee\Projects\zstack\Samples\SampleApp\CC2530DB"文件夹，双击 SampleApp.eww 文件图标，则启动 SampleApp 工程。

第 3 步：将设备类型设置成路由器。

单击 Workspace 窗口中的下拉列表框，从图 2-9 所示的列表框中选择"RouterEB"列表项。

【说明】

本实践中也可以选择终端节点进行实验，如果要将本程序编译、连接成终端节程序，则在列表框中选择"EndDeviceEB"列表项。

第 4 步：编译、连接。

单击图标工具栏中的连接图标按钮 （参考图 1-32），IAR 就会以路由器的角色编译、连接程序，所生成的程序为路由器程序。

第 5 步：另选一个 ZigBee 模块，然后将这个模块接上仿真器并给模块上电。

第 6 步：单击图标工具栏中的下载与调试图标按钮 （参考图 1-32），IAR 就会将程序下载到 ZigBee 模块中，这个 ZigBee 模块就变成了路由器。

第 7 步：在程序中设置断点。

① 在代码窗口中单击"Coordinator.c"文件名标签，使 Coordinator.c 文件成为当前文件。如果代码窗口中无"Coordinator.c"文件名标签，则表示当前 Coordinator.c 文件处于关闭状态，此时只需双击 App 组中的 Coordinator.c 文件名，IAR 就会打开 Coordinator.c 文件，并在代码窗口中以当前文件的形式显示 Coordinator.c 文件。

② 双击 Coordinator.c 文件第 56 行行号左边灰色部分，行号左侧处就会出现一个红色的圆点，该行代码上会出现红色底纹，表示我们已经在该行处设置了一个断点，如图 2-16 所示。

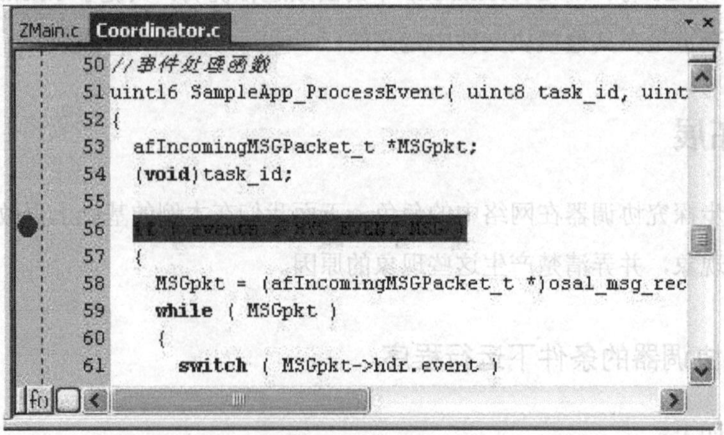

图 2-16 设置断点

③ 重复上述操作，在第 64 行、第 89 行处设置断点。

第 8 步：在调试窗口中单击全速运行图标按钮，让程序全速运行。我们可以看到在调试工具栏中的 9 个调试工具图标按钮中，只有停止、停止调试 2 个图标按钮呈可用状态，其他 7 个图标按钮都呈灰色不可使用状态，表明路由器一直在执行程序，但是程序并没有在第 56 行的断点处停下来。我们还可以看到路由器中的发光二极管并不闪烁。

上述现象表明，在无协调器的条件下，路由器并不会执行应用的任务事件处理函数 SampleApp_ProcessEvent()。其理由是，在 SampleApp_ProcessEvent() 函数中，第 53 行、第 54 行只是对函数中的变量进行定义和说明，它们并不是函数中的可执行的代码，函数的第 1 行可执行代码位于第 56 行，实践中，路由器在全速执行程序时并没有在该处停下来，表明程序还没有执行到这里，即没有进入 SampleApp_ProcessEvent() 函数中。

2. 在有协调器的条件下运行程序

其实施步骤如下。

第 1 步：复位程序。

单击调试工具栏上的停止图标按钮，停止程序运行，然后再单击调试工具栏上的复位图标按钮，复位路由器。

【说明】

第 1 步是在上一实验基础上来做的，如果单独做本实验，则请按照上一实验过程先完成第 1~第 8 步，然后进行下面的操作。

第 2 步：给协调器上电。

第 3 步：单击调试工具栏上的全速运行图标按钮，过一会儿后我们就可以看到程序就在第 56 行的断点处停下来，如果再单击调试工具栏上的单步运行图标按钮，程序就会依次执行第 56 行、58 行、59 行…。

上述实验表明：在有协调器的条件下，路由器会执行 SampleApp_ProcessEvent() 函数。

第 4 步：重复单击调试工具栏上的全速运行图标按钮，我们可以看到以下现象：

① 程序多次进入第 56 行断点处。表明路由器中不停地执行 SampleApp_ProcessEvent() 函数。其原因是 SampleApp_ProcessEvent() 函数是在一个死循环中调用的。

② 第 64 行断点处只停下一次，以后只在第 89 行断点处停下，并且在第 64 行断点处停下的那一次中并不在第 89 行断点处停下。这一现象表明 SampleApp_ProcessEvent() 函数每执行时只处理一个事件，ZDO_STATE_CHANGE 事件只发生了一次，用户自定义的

LDE1 翻转事件 SAMPLEAPP_SEND_PERIODIC_MSG_TIMEOUT 多次发生。

③ 发光二极管 LED1 的状态不停地由点亮到熄灭再由熄灭到点亮进行翻转显示。

实践总结

ZigBee 网络中有协调器、路由器、终端节点 3 种设备。其中，只有协调器才具有网络组建和维护网络的功能，其他设备都不具备此功能。一个 ZigBee 网络中有且只有一个协调器。

只有 ZigBee 网络建立成功后，节点中用户编写的任务事件处理函数才被执行。由于协调器负责网络的组建和维护，因此协调器上电后，协调器中用户编写的任务事件处理函数是会被执行的，如果无协调器，则路由器、终端节点中用户编写的任务事件处理函数是不会被执行的。

基于 ZStack 的应用系统开发的方法是，根据应用系统中的功能要求，对 ZStack 提供的样例文件 SampleApp.c、SampleApp.h、OSAL_SampleApp.c 进行剪裁。其核心工作是修改 SampleApp.c 文件中的事件处理函数。

事件处理函数主要由几个 if 语句组成，用来判断当前任务中的事件类型，并作相应的处理。第 1 个 if 语句用来对系统事件进行处理。系统事件的处理过程是，先从消息队列中读取消息，然后检查消息的事件域中所存放的子事件类型，最后用 switch-case 语句对各子事件分别进行处理。

事件处理函数是在一个死循环中调用的，理解该函数时应想象在函数的首尾处有一个死循环。事件处理函数每次只处理一个事件，通过多次执行事件处理函数，可将应用程序中的事件处理完毕。事件处理函数对函数中的各事件处理存在优先级，函数中先判断处理的事件其优先级高。

ZStack 采取的是事件触发处理机制。系统事件由 ZStack 内部程序设置，而用户事件一般是由用户在节点（协调器、路由器、终端节点）的应用程序中设置的。设置用户事件常用函数是 osal_start_timerEx（）函数和 osal_set_event（）函数，前者的功能是过一段时间后设置事件，后者的功能是立即设置事件。

习题

1. ZigBee 网络中有哪几种设备？各种设备的功能分别是什么？
2. 请指出下列事件所代表的含义。

（1）SYS_EVENT_MSG

（2）AF_INCOMING_MSG_CMD

（3）ZDO_STATE_CHANGE

3. 某应用系统中需要定义一个用户串口接收数据事件 USER_SERIAL_EVT，请写出用户事件定义代码。

4. 请指出下列函数的功能。

（1）osal_msg_receive（）

（2）osal_msg_deallocate（）

（3）osal_start_timerEx（）

（4）afRegister（）

5. 简述 IAR 中显示程序代码行号的操作方法，并上机实践。

6. 简述 IAR 中查看数据类型定义的操作方法，并上机实践。

7. 阅读 Coordinator.c 文件，请解答以下问题。

（1）写出 Coordinator.c 文件的结构。

（2）指出文件中 6 个全局变量的作用。

（3）请查出事件处理函数的流程图。

（4）在第 65 行～第 67 行代码中，DEV_ZB_COORD、DEV_ROUTER、DEV_END_DEVICE 的含义是什么？

（5）如果删除第 91 行～第 92 行代码，程序执行的结果是什么？为什么？请实验。

8. 简述 Coordinator.h 文件的作用及其结构。

项目 3 用事件驱动处理串口接收数据

任务要求

选用 1 个 ZigBee 模块作为协调器，对 ZStack 中的样例程序进行适当剪裁，并添加串口初始化程序和串口收发数据处理程序，要求串口的接收数据采用事件触发处理，当协调器收到计算机发送来的数据后将所接收到的数据再发送到计算机中显示。其中，串口通信的波特率为 115200bps。

相关知识

1. HalUARTOpen（）函数

HalUARTOpen（）函数的定义位于 hal_uart.c 文件中，函数的原型说明如下：

uint8 HalUARTOpen（uint8 port, halUARTCfg_t *config）;

该函数的功能是，用指定的参数初始化串口。函数中各参数的含义如下。

① port：所要初始化串口的串口号，其值为 0、1、2、…。

② config：串口配置变量的地址。该变量是一个指向 halUARTCfg_t 型的指针变量，其中 halUARTCfg_t 是 hal_uart.h 文件中所定义的结构体类型。其说明如下

```
typedef struct
{
  bool                configured;            //1 是否进行串口配置
  uint8               baudRate;              //2 串口的波特率
  bool                flowControl;           //3 是否进行流控制
  uint16              flowControlThreshold;  //4
  uint8               idleTimeout;           //5
  halUARTBufControl_t rx;                    //6
  halUARTBufControl_t tx;                    //7
  bool                intEnable;             //8
  uint32              rxChRvdTime;           //9
  halUARTCBack_t      callBackFunc;          //10 串口的回调函数
}halUARTCfg_t;
```

在现代的串口通信中,一般用 TXD 和 RXD2 根线进行串行数据传输,串口并不采用流控制。在 halUARTCfg_t 类型的变量中,第 4~9 个参数用来设置流控制的相关参数,并不常用,在实际应用一般只需设置第 1、2、3、10 个参数,这 4 个参数的含义如下:

- Configured:是否进行串口配置。参数可设定的值为 TRUE、FLAUSE,一般设为 TRUE,表示要进行串口配置。
- baudRate:串口的波特率。baudRate 的取值如表 3-1 所示。

表 3-1 中的符号是 hal_uart.h 文件中所定义的宏,其中的数值表示串口的波特率大小。例如,如果我们要将串口的波特率设置为 115200bps,那么就应该将串口配置变量的 baudRate 参数设成 HAL_UART_BR_115200。

表 3-1 baudRate 的取值

符号	波特率(bps)
HAL_UART_BR_9600	9600
HAL_UART_BR_1920	1920
HAL_UART_BR_38400	38400
HAL_UART_BR_57600	57600
HAL_UART_BR_115200	115200

- flowControl:是否进行流控制。参数可设定的值为 TRUE、FLAUSE,一般设为 FLAUSE,表示串口不用流控制。
- callBackFunc:串口的回调函数。如果不用回调函数处理串口接收数据,则此参数应设置为 NULL,表示串口无回调函数。如果采用回调函数处理串口接收数据,则应将串口的回调函数的地址(即回调函数的名字)赋给该参数。有关使用回调函数处理串口接收数据的问题我们将在项目 4 中再作详细讲解。

函数的返回值为函数调用的结果。

例如,串口 0 不采用流控制,波特率为 115200bps,串口接收数据采用事件驱动处理,其初始程序如下:

```
void  InitUart(void)
{
    halUARTCfg_t   UartConfig;              //1 定义串口配置变量
    UartConfig.configured = TRUE;           //2
    UartConfig.baudRate = HAL_UART_BR_115200; //3 波特率为 115200
    UartConfig.flowControl  = FALSE;        //4 不进行流控制
    UartConfig.callBackFunc = NULL;         //5 无回调函数
    HalUARTOpen(0,&UartConfig);             //6 按所设定参数初始化串口 0
}
```

程序中,我们在调用 HalUARTOpen()函数(第 6 行代码)时,第 2 个参数前面的"&"为取地址运算符,表示取变量 UartConfig 的地址。在 HalUARTOpen()的原型说明中,可以看出,该函数的第 2 个参数为指针变量,因此在调用该函数时,函数的第 2 个实参应为配置串口参数变量的地址。

2. HalUARTRead（）函数

HalUARTRead（）函数的定义位于 hal_uart.c 文件中，函数的原型说明如下：

uint16 HalUARTRead（uint8 port, uint8 *buf, uint16 len）;

该函数的功能是，从串口中读取指定长度的数据，并存入用户缓冲区中，函数中各参数的含义如下。

- port：所要读取串口的串口编号，其值为 0、1、2、…。
- buf：数据读取后所存放缓冲区的地址。
- len：所读取数据的长度。该变量的类型为 uint16，隐含的意思是，用该函数从串口接收缓冲区中最多只能读取 65535 字节的数据。

函数的返回值类型为 uint16，其值为实际所读得的数据长度。

在实际应用中，HalUARTRead（）函数的一般用法是，先定义一个 uint8 数组，用来存放所接收的数据，然后调用该函数从串口中读取数据，再对接收到的数据个数进行判断，仅当函数的返回值不为 0 时，再进行接收数据的处理。其程序结构如下：

```
uint8  UsartBuf[50];
uint16 len;
len=HalUARTRead（0,UsartBuf,50）;
if（len>0）
{
//接收数据的处理
}
```

3. HalUARTWrite（）函数

该函数的定义位于 hal_uart.c 文件中，函数的功能是，用串口发送用户缓冲区中的数据，函数的原型说明如下：

uint16 HalUARTWrite（uint8 port, uint8 *buf, uint16 len）;

函数中各参数的含义如下。

- port：串口的编号，其值为 0、1、2、…。
- buf：发送数据所存放的地址。
- len：所要发送数据的长度。该变量的类型为 uint16，隐含的意思是，用串口发送数据每次最多只能发送 65535 字节。

函数的返回值为实际发送数据的长度。

例如，用串口 0 发送 buf[]数组中的 5 字节数据的程序如下：

uint8 buf[5]={0x01,0x02,0x03,0x04,0x05};
HalUARTWrite（0,bvf,5）;

4. osal_set_event（）函数

该函数的定义位于 OSAL.c 文件中，函数的原型说明如下：

uint8 osal_set_event（ uint8 task_id, uint16 event_flag ）;

该函数的功能是，为指定的任务设置事件，函数中各参数的含义如下。
- task_id：指定任务的任务号。
- event_flag：所需设置事件的事件编码。

函数的返回值为操作结果，值为 SUCCESS 时表示操作成功，值为 INVALID_TASK 表示无效的事件。

例如，为任务 SampleApp_TaskID 设置串口接收数据事件 USER_UART_EVT 的程序如下：

osal_set_event（SampleApp_TaskID,USER_UART_EVT）;

5. 端口的概念

在计算机中，端口是指数据的输入或输出口，分硬件端口和软件端口 2 种。硬件端口是指我们看得见的数据通信口，如 USB 口、串行口等。软件端口又叫逻辑端口，它是指对某种数据进行处理的应用程序对象（数据流入口）和产生某种数据的应用程序对象（数据流出口）。ZigBee 网络中的端口与 TCP/IP 网络中的端口相似，是指处理数据包的应用程序对象，产生数据包的应用程序对象叫数据包的源端口，简称为源端口，加工处理数据包的应用程序对象叫数据包的目的端口，简称为目的端口或者目标端口。

端口号是端口在节点上的编号。一个节点的程序中可以有许多个处理数据包的应用程序对象，为了方便操作系统访问这些应用程序，操作系统将这些应用程序对象进行了编号，这个编号就是端口号。ZigBee 网络中，节点上的端口号可以为 0～240，其中端口号 0 分配给 ZDO（ZigBee 设备对象），其他端口号由用户指定给某个端口。

例如，在项目 2 中，我们在 Coordinator.h 中用宏定义指定应用端口号为 20，在应用初始化函数中，我们将此端口号赋给应用端口变量（第 42 行），然后用 afRegister（）函数注册应用端口（第 48 行），操作系统就会将端口号 20 分配给应用初始化所对应的应用事件处理函数 SampleApp_ProcessEvent（）。也就是说，在项目 2 的协调器程序中，端口 20 就是指应用事件处理程序。

ZigBee 规定，数据包只能在不同节点的端口之间传输，不能在同一节点上的不同端口之间传输。也就是说，A 节点发出的数据包只能由 B 节点上的端口接收处理，A 节点上的所有端口都不能接收和处理该数据包。

实现方法与步骤

1. 编制协调器的程序文件 Coordinator.c

编制 Coordinator.c 文件的操作包括新建 Coordinator.c 文件、从 SampleApp.c 中复制代码、对所复制的代码进行修改等几步。这些步骤与项目 2 中的操作步骤相同，在此不再赘述。Coordinator.c 文件的内容如下。其中，黑体部分是相对项目 2 中的协调器程序所添加或修改部分，文件中的各符号的含义与项目 2 中各文件中的符号含义相同。

```
1   /*****************************************************************
2                   项目 3  用事件驱动串口发收数据
3                         协调器程序（Coordinator.c）
4   *****************************************************************/
5   #include "OSAL.h"                              //59
6   #include "ZGlobals.h"                          //60
7   #include "AF.h"                                //61
8   #include "ZDApp.h"                             //63
9   #include "Coordinator.h"                       //65 改
10  #include "OnBoard.h"                           //68
11  #include "hal_led.h"                           //72
12
13  //const cId_t SampleApp_ClusterList[SAMPLEAPP_MAX_CLUSTERS] = //92
14  //{                                            //93
15  //   SAMPLEAPP_PERIODIC_CLUSTERID,             //94
16  //};                                           //96
17
18  #define USER_UART_EVT 0x0001        //加 用户事件:串口接收数据
19  uint8 UsartBuf[51];                 //加 串口缓冲区:存放接收或发送的数据
20
21  const SimpleDescriptionFormat_t SampleApp_SimpleDesc = //98 简单端口描述
22  {                                              //99
23      SAMPLEAPP_ENDPOINT,                        //100 端口号
24      SAMPLEAPP_PROFID,                          //101 应用规范 ID
25      SAMPLEAPP_DEVICEID,                        //102 应用设备 ID
```

26	SAMPLEAPP_DEVICE_VERSION,	//103	应用设备版本号（4bit）
27	SAMPLEAPP_FLAGS,	//104	应用设备标志（4bit）
28	0,	//105 改	输入簇命令个数
29	(cId_t *) NULL,	//106 改	输入簇列表
30	0,	//107 改	输出簇命令个数
31	(cId_t *) NULL	//108 改	输出簇列表
32	};	//109	
33			
34	endPointDesc_t SampleApp_epDesc;	//115	应用端口描述
35	uint8 SampleApp_TaskID;	//128	应用程序中的任务 ID 号
36	devStates_t SampleApp_NwkState;	//131	网络状态
37	uint8 SampleApp_TransID;	//133	传输 ID
38	//应用程序初始化函数		
39	void SampleApp_Init（uint8 task_id）	//173	
40	{	//174	
41	**halUARTCfg_t UartConfig；**	//加	定义串口配置变量
42	SampleApp_TaskID = task_id;	//175	应用任务初始化
43	SampleApp_NwkState = DEV_INIT;	//176	网络状态初始化:无连接
44	SampleApp_TransID = 0;	//177	传输 ID 号初始化
45	// 应用端口初始化		
46	SampleApp_epDesc.endPoint = SAMPLEAPP_ENDPOINT;	//213	端口号
47	SampleApp_epDesc.task_id = &SampleApp_TaskID;	//214	任务号
48	SampleApp_epDesc.simpleDesc	//215	端口的其他描述
49	= (SimpleDescriptionFormat_t *)&SampleApp_SimpleDesc;	//216	
50	SampleApp_epDesc.latencyReq = noLatencyReqs;	//217	端口的延迟响应
51	afRegister（&SampleApp_epDesc）;	//220	端口注册
52	//串口配置		
53	**UartConfig.configured = TRUE；**	//加	
54	**UartConfig.baudRate = HAL_UART_BR_115200；**	//加	波特率为 115200
55	**UartConfig.flowControl = FALSE；**	//加	不进行流控制
56	**UartConfig.callBackFunc = NULL；**	//加	无回调函数
57	**HalUARTOpen（0,&UartConfig）;**	//加	按所设定参数初始化串口
58	}	//233	
59	//事件处理函数		
60	uint16 SampleApp_ProcessEvent（uint8 task_id, uint16 events）	//248	
61	{	//249	
62	afIncomingMSGPacket_t *MSGpkt;	//250	定义指向接收消息的指针
63	（void）task_id;	//251	未引用的参数
64			
65	if （events & SYS_EVENT_MSG）	//253	判断是否为系统强制事件
66	{	//254	
67	MSGpkt = (afIncomingMSGPacket_t *)osal_msg_receive（SampleApp_TaskID）; //255 从消息队列中取消息		
68	while （MSGpkt）	//256	有消息

```
69       }                                                       //257
70         switch（MSGpkt->hdr.event）                            //258 判断消息中的事件域
71         {                                                     //259
72           case ZDO_STATE_CHANGE:                              //271 ZDO 的状态变化事件
73             SampleApp_NwkState =（devStates_t）(MSGpkt->hdr.status); //272 读设备状态
74             if（SampleApp_NwkState == DEV_ZB_COORD）//273 改若为协调器
75             {                                                 //276
76               osal_set_event（SampleApp_TaskID,USER_UART_EVT）; //加
77             }                                                 //281
78             break;                                            //286
79           //在此处可添加系统事件的其他子事件处理
80           default:                                            //288
81             break;                                            //289
82         }                                                     //290
83         osal_msg_deallocate（(uint8 *) MSGpkt）;               //293 释放消息所占存储空间
84         MSGpkt =（afIncomingMSGPacket_t *）osal_msg_receive（SampleApp_TaskID）; //296
         再从消息队列中取消息
85       }                                                       //297
86       return（events ^ SYS_EVENT_MSG）;                       //300 返回未处理完的事件
87     }                                                         //301
88     //以下为用户事件处理
89     if（events & USER_UART_EVT）                               //305 改
90     {                                                         //306
91       int len;                                                //加
92       len =HalUARTRead（0,UsartBuf,50）;                       //加 从串口中读 50 个数据
93       if（len>0）                                              //加 判断是否接收到了数据
94       {                                                       //加
95         HalUARTWrite（0,"\r\n",2）;                            //加 发送回车换行符
96         HalUARTWrite（0,UsartBuf,len）;                        //加 将所接收到的数据送回计
         算机中显示
97       }                                                       //加
98       // 再次触发用户事件
99       osal_start_timerEx（SampleApp_TaskID, USER_UART_EVT,//311 过 1s 后再设置事件
100        1000）;                                                //312 改
101      return（events ^ USER_UART_EVT）;                        //315 改 返回未处理完毕的事件
102    }                                                         //316
103
104    return 0;                                                  //319 丢弃未知事件
105  }                                                            //320
```

2. 编制程序接口文件 Coordinator.h

Coordinator.h 文件的样例文件是 SampleApp.h 文件，Coordinator.h 文件的内容如下。其

中，黑体部分是相对项目 2 中的 Coordinator.h 文件所添加或修改部分。

```
1   /********************************************************************
2                       任务 3   用事件驱动串口发收数据
3                              （Coordinator.h）
4   功能:宏定义,函数说明
5   ********************************************************************/
6   #ifndef SAMPLEAPP_H
7   #define SAMPLEAPP_H
8
9   #include "ZComDef.h"
10
11  #define SAMPLEAPP_ENDPOINT              20
12  #define SAMPLEAPP_PROFID                0x0F08
13  #define SAMPLEAPP_DEVICEID              0x0001
14  #define SAMPLEAPP_DEVICE_VERSION        0
15  #define SAMPLEAPP_FLAGS                 0
16  //#define SAMPLEAPP_MAX_CLUSTERS        1
17  //#define SAMPLEAPP_PERIODIC_CLUSTERID 1
18
19  // 发送消息的时间间隔
20  //#define SAMPLEAPP_SEND_PERIODIC_MSG_TIMEOUT  500
21
22  // 定义用户事件
23  //#define SAMPLEAPP_SEND_PERIODIC_MSG_EVT      0x0001
24
25  extern void SampleApp_Init（uint8 task_id）;
26  extern UINT16 SampleApp_ProcessEvent（uint8 task_id, uint16 events）;
27
28  #endif
```
//40
//41
//51
//59
//61
//62
//63
//64
//66 改
//67
//71
//74
//93
//98
//105

3. 修改 OSAL_SampleApp.c 文件

修改后的 OSAL_SampleApp.c 文件与项目 2 中的 OSAL_SampleApp.c 文件完全一样。为了分析程序的方便，我们列出该文件的内容如下：

```
1   /********************************************************************
2                       任务 3   用事件驱动串口发收数据
3                            （OSAL_SampleApp.c）
4   ********************************************************************/
5   #include "ZComDef.h"            //45
6   #include "hal_drivers.h"        //46
7   #include "OSAL.h"               //47
8   #include "OSAL_Tasks.h"         //48
```

```
9
10   #if defined （MT_TASK）                        //50
11     #include "MT.h"                              //51
12     #include "MT_TASK.h"                         //52
13   #endif                                         //53
14
15   #include "nwk.h"                               //55
16   #include "APS.h"                               //56
17   #include "ZDApp.h"                             //57
18   #if defined （ZIGBEE_FREQ_AGILITY） || defined （ZIGBEE_PANID_CONFLICT） //58
19     #include "ZDNwkMgr.h"                       //59
20   #endif                                         //60
21   #if defined （ZIGBEE_FRAGMENTATION）           //61
22     #include "aps_frag.h"                        //62
23   #endif                                         //63
24   #include "Coordinator.h"                       //65  改
25
26   const pTaskEventHandlerFn tasksArr[] = {       //72
27     macEventLoop,                                //73
28     nwk_event_loop,                              //74
29     Hal_ProcessEvent,                            //75
30   #if defined （MT_TASK）                        //76
31     MT_ProcessEvent,                             //77
32   #endif                                         //78
33     APS_event_loop,                              //79
34   #if defined （ZIGBEE_FRAGMENTATION）           //80
35     APSF_ProcessEvent,                           //81
36   #endif                                         //82
37     ZDApp_event_loop,                            //83
38   #if defined （ZIGBEE_FREQ_AGILITY） || defined （ZIGBEE_PANID_CONFLICT） //84
39     ZDNwkMgr_event_loop,                        //85
40   #endif                                         //86
41     SampleApp_ProcessEvent                       //87
42   };                                             //88
43
44   const uint8 tasksCnt = sizeof（tasksArr） / sizeof（tasksArr[0]）; //90
45   uint16 *tasksEvents;                           //91
46
47   void osalInitTasks（void）                     //106
48   {                                              //107
49     uint8 taskID = 0;                            //108
50
51     tasksEvents = （uint16 *）osal_mem_alloc（sizeof（uint16） * tasksCnt）; //110  建立数组
     uint16  tasksEvents[taskCnt]
```

```
52      osal_memset（tasksEvents, 0,（sizeof（uint16）* tasksCnt））;    //111 将数组 tasksEvents
        中的元素值设为 0,即无事件发生
53
54      macTaskInit（taskID++）;                          //113
55      nwk_init（taskID++）;                             //114
56      Hal_Init（taskID++）;                             //115
57  #if defined（MT_TASK）                               //116
58      MT_TaskInit（taskID++）;                          //117
59  #endif                                                //118
60      APS_Init（taskID++）;                             //119
61  #if defined（ZIGBEE_FRAGMENTATION）                  //120
62      APSF_Init（taskID++）;                            //121
63  #endif                                                //122
64      ZDApp_Init（taskID++）;                           //123
65  #if defined（ZIGBEE_FREQ_AGILITY）|| defined（ZIGBEE_PANID_CONFLICT）//124
66      ZDNwkMgr_Init（taskID++）;                        //125
67  #endif                                                //126
68      SampleApp_Init（taskID）;                         //127
69  }                                                     //128
```

4. 程序编译与下载运行

操作步骤如下。

第 1 步：按照项目 2 中所介绍的方法将程序编译，连接仿真器后将程序下载至协调器中。

第 2 步：用串口线将计算机的串口与协调器的串口相连。如果计算机中无串口（如笔记本电脑），则用 USB 转串口线与协调器的串口相连，然后在计算机中查看 USB 转串口的串口号，并记录与协调器相连的串口号。其中查看串口号的操作如下：

① 在桌面上右击"我的电脑"图标，在弹出的快捷菜单中选择"属性"菜单项，打开如图 3-1 所示的"系统属性"对话框。

② 在"系统属性"对话框中选中"硬件"选项卡，然后单击"设备管理器"按钮，打开如图 3-2 所示的"设备管理器"窗口。

③ 在"设备管理器"窗口中单击"端口"右边的"+"号，展开"端口"项，"端口"项下面会出现"USB Serial Port（COM2）"项（参考图 3-2）。该项右边的 COMx 就是当前USB 口所映射的串口号，例如图中所表示的是当前的 USB 口所映射的串口号为 COM2，后续计算机与 ZigBee 模块进行串行通信时，在串口调试软件中就应该将串口号设置成COM2。

第 3 步：打开串口调试助手，并在串口调试助手中设置串口参数，如图 3-3 所示。其中，串口号 COM2 是计算机与 ZigBee 模块进行串行通信时的串口号。

图 3-1 "系统属性"对话框

图 3-2 "设备管理器"窗口

项目 3 用事件驱动处理串口接收数据 | 69

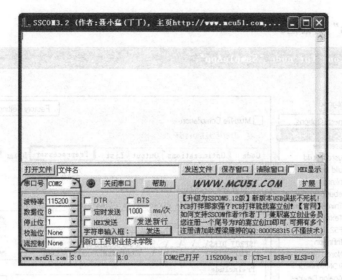

图 3-3 设置串行通信参数

第 4 步：在串口调试助手的"字符串输入框"中输入所要发送的字，然后单击"发送"按钮，我们可以看到"接收"窗口中并无字符显示，表明协调器与计算机串行通信失败。

产生上述现象的原因是，在 ZStack 中采用了大量的条件编译，在默认的条件下，对 ZStack 中的程序进行编译时，并不产生初始化串口的程序代码，因而协调器中的串口不能使用。如果我们用项目 2 中所介绍的程序调试方法去跟踪程序运行的话，我们可以发现协调器在执行 hal_drivers.c 文件中的 HalDriverInit（）函数（硬件初始化函数）时，并没有执行第 161 行的调用 HalUARTInit（）函数语句。同时，我们还可以看到该行代码之前有条件编译语句，语句如下：

```
#if （defined HAL_UART）&&（HAL_UART == TRUE）
    HalUARTInit（）；
#endif
```

因此，只要我们在程序中定义了符号 HAL_UART，并且将其设置为 TRUE，则编译后的程序就会执行串口初始化函数 HalUARTInit（）。

第 5 步：单击调试工具栏中的结束调试工具图标按钮（参考图 1-33），使 IAR 中退出调试状态，IAR 就会返回程序编辑状态。

第 6 步：右击 Workspace 窗口中的 SampleApp 工程名，在弹出的快捷菜单中选择"Options"菜单项，如图 3-4 所示。窗口中就会弹出如图 3-5

图 3-4 "Options"快捷菜单

所示的"Options"对话框。

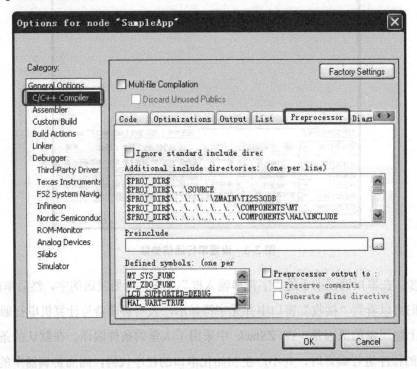

图 3-5 "Options"对话框

第 7 步：在"Options"对话框的"Category"列表框中选中"C/C++ Compiler"列表项，再选择右边的"Preprocessor"选项卡标签。

第 8 步：在"Preprocessor"选项卡的"Defined symbols"文本框的新一行中输入"HAL_UART=TRUE"，参考图 3-5。然后单击"OK"按钮，结束符号的定义。

【说明】

① 在"Defined symbols"文本框中定义符号可以避免破坏 ZStack 中的程序文件。在"Defined symbols"文本框中定义符号时，每行只能定义一个符号。

② "HAL_UART=TRUE"的含义是定义符号"HAL_UART"，并将其值设置成"TRUE"，如果只输入"HAL_UART"，则表示只定义符号"HAL_UART"。

③ 取消符号定义的方法有 2 种：一是删除在"Defined symbols"文本框中所定义的符号，二是在符号前面加上一个小写字母，例如加上 x。但常用的做法是在符号前加小写字母。

第 9 步：重新编译程序，然后将程序下载至协调器中，并全速运行程序。

第 10 步：用串口调试软件向协调器发送一组字符串，我们就可以看到串口调试助

项目 3　用事件驱动处理串口接收数据

手的接收窗口中会出现我们所发送的字符串，如图 3-6 所示，表明计算机与协调器通信成功。

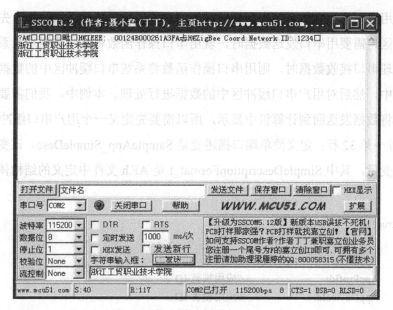

图 3-6　串行通信的结果

程序分析

1. Coordinator.c 文件中的代码分析

在 Coordinator.c 文件中，多数代码我们已在项目 2 中分析过，在此我们只分析本例中新增加或修改的程序代码。

第 13 行～第 16 行：这几行是相对项目 2 所去掉的定义簇列表的程序代码。本例中，我们只使用了一个协调器，不存在协调器与其他节点进行数据通信问题，也就是说，不存在传输簇 ID 问题，因此就不必定义簇列表了。

第 18 行：定义接收串口数据事件。ZStack 中嵌入了一个操作系统，用操作系统实现时间管理，如果需要周期性地处理某事务，其处理方法发生了较大的变化。在单片机课程中，我们的做法是，选用一个定时/计数器，让定时/计数器定时某个时长，然后在定时中断服务程序再来处理这些事务。在 ZStack 中，周期性地处理某事务的方法是，先定义一个用户事件，然后启动定时器，当定时时间到后设置该事件，最后在事件处理程序中对该事件进行事务处理。本例中，我们需要每隔 1s 处理一次串口接收数据，所以需要先定义串口接收数据事件。

第 19 行：定义用户串口缓冲区。ZStack 中虽然定义了 2 个串口缓冲区，但这些缓冲区是供 DMA 控制器读写串口使用的，为了方便表达，我们把它们叫做系统串口缓冲区。通常情况下，用户不直接操作系统串口缓冲区。用户使用串口一般的做法是，先定义一个用户串口缓冲区，需要用串口发送数据时，就用串口操作函数将发送数据写入系统串口缓冲区，需要处理串口接收数据时，则用串口操作函数将系统串口缓冲区中的数据读入到用户串口缓冲区中，然后对用户串口缓冲区中的数据进行处理。本例中，我们需要读取串口接收数据，再将数据发送回到计算机中显示，所以需要先定义一个用户串口缓冲区。

第 21 行～第 32 行：定义简单端口描述变量 SampleApp_SimpleDesc。该变量是一个只读型结构体变量，其中 SimpleDescriptionFormat_t 是 AF.h 文件中定义的结构体类型，其说明如下：

```
typedef struct
{
    Byte    EndPoint;              //端口号
    uint16  AppProfId;             //应用规范 ID
    uint16  AppDeviceId;           //应用设备 ID
    byte    AppDevVer:4;           //应用设备版本号（4bit）
    byte    Reserved:4;            //保留（4bit）,在 AF_V1_SUPPORT 中作应用设备标志
    Byte    AppNumInClusters;      //输入簇命令个数
    cId_t   *pAppInClusterList;    //输入簇列表的地址
    byte    AppNumOutClusters;     //输出簇命令个数
    cId_t   *pAppOutClusterList;   //输出簇列表的地址
} SimpleDescriptionFormat_t;
```

第 23 行：设置简单端口的端口号。其中，SAMPLEAPP_ENDPOINT 是 Coordinator.h 中定义的宏，它所代表的值为 20。

第 24 行：设置简单端口的应用规范 ID。其中，SAMPLEAPP_PROFID 是 Coordinator.h 中定义的宏，它所代表的值为 0x0F08。应用规范 ID 是 ZigBee 联盟统一规划的，此值一般不需改动。

第 25 行：设置简单端口的应用设备 ID。其中，SAMPLEAPP_DEVICEID 是 Coordinator.h 中定义的宏，它所代表的值为 0x0001。此值一般不需改动。

第 26 行：设置简单端口的应用设备版本号。其中，SAMPLEAPP_DEVICE_VERSION 是 Coordinator.h 中定义的宏，它所代表的值为 0。此值一般不需改动。

第 27 行：设置简单端口的应用设备标志。其中，SAMPLEAPP_FLAGS 是 Coordinator.h 中定义的宏，它所代表的值为 0。此值一般不需改动。

第 28 行：设置输入簇命令个数。本例中，协调器不与其他节点进行数据通信，不存在

输入/输出簇命令，所以此处需填写 0。

第 29 行：设置输入簇列表的地址。本例中，我们没有定义簇列表，协调器的输入簇列表的地址为空（NULL）。

第 30 行：设置输出簇命令个数。本例中，协调器不与其他节点进行数据通信，不存在输入/输出簇命令，所以此处需填写 0。

第 31 行：设置输出簇列表的地址。本例中，我们没有定义簇列表，协调器的输出簇列表的地址为空（NULL）。

第 41 行：定义串口配置变量 UartConfig。该变量是 halUARTCfg_t 类型的结构体变量，第 53 行~第 56 行代码就是设置该结构体变量的相关成员的值。

第 53 行：使能串口配置。如果串口 0、串口 1 采用 DMA 控制，则此参数可以不设置。在本例中，我们使用的是默认的串口 0，串口 0 采用的是默认的 DMA 控制，所以此行代码实际上是多余的。

第 54 行：将串口的波特率设置为 115200bps。

第 55 行：设置串口的流控制。本例中，我们采用的是 RXD、TXD 两线进行串行数据传输，串口不采用流控制，所以 UartConfig.flowControl 应设置成 FALSE。

第 56 行：设置串口的回调函数。本例中，我们采用的是事件驱动处理串口接收数据，而不是用回调函数方式处理串口接收数据，不存在回调函数，所以回调函数的地址为空（NULL）。

第 57 行：用 UartConfig 变量中所设置的参数初始化串口。在 HalUARTOpen（）函数中，第 2 个参数为指向 halUARTCfg_t 型结构体的指针，所以函数的第 2 个实参应为配置串口参数变量的地址，这里的&为取地址运算符。

第 73 行~第 77 行：判断是否是协调器的状态发生改变，即判断是否是协调器组建网络，若是，则用 osal_set_event（）函数为 SampleApp_TaskID 任务设置 USER_UART_EVT 事件，即为当前任务设置读串口数据事件。

第 89 行~第 104 行：接收串口数据事件处理。

第 89 行：判断是否存在接收串口数据事件。

第 91 行：定义变量 len。该变量用来保存从系统串口缓冲区中所读取的数据长度。

第 92 行：用 HalUARTRead（）函数从串口 0 的系统缓冲区读取 50 个字节的数据并存入数组 UsartBuf[]中。HalUARTRead（）函数的返回值为实际所读数据的长度，所以第 92 行代码执行后，len 中所存放的是从串口中所读取的字节数，数组 UsartBuf[]中所存放的是实际读入的数据。如果串口 0 的系统缓冲区无新数据，则 len 的值为 0，数组 UsartBuf[]中内容不变。

第 93 行：判断是否接收到了数据。

第 95 行：用串口 0 发送回车换行符。其中，\r 和\n 为转义字符，分别表示回车符和换行符。

第 96 行：将串口 0 所接收到的数据从串口 0 发送到计算机中显示。其中，UsartBuf 是串口数据缓冲区的地址，数组 UsartBuf[]中存放的是从串口 0 中所读取的接收数据，len 是接收数据的长度。

第 99、第 100 行：再次启动 1s 的定时器，过 1s 后为 SampleApp_TaskID 任务再次设置 USER_UART_EVT 事件。如果去掉这 2 行代码，则只能进行一次串口接收数据处理。osal_start_timerEx（）函数与 osal_set_event（）函数都可以设置事件，两者的区别是，前者是延时一段时间设置事件，后者是立即设置事件。

2. OSAL_SampleApp.c 文件中的代码分析

与 ZStack 提供的样例程序相比，本例的 OSAL_SampleApp.c 文件只是将样例文件的第 65 行代码修改成了#include "Coordinator.h"。OSAL_SampleApp.c 文件中各代码的作用如下。

第 5 行～第 24 行：头文件包含。其中，第 5 行～第 23 行的头文件中包含了第 27 行～第 40 行所引用函数的说明，这几行代码一般不需修改。第 24 行的头件中包含了第 41 行所引用函数 SampleApp_ProcessEvent（）的说明。

第 26 行～第 42 行：定义只读型数组 tasksArr[]。该数组的类型是 pTaskEventHandlerFn 型，它是一个函数指针类型。因此，该数组是一个函数指针数组，用来存放各任务的事件处理函数的入口地址，即事件处理函数的函数名，我们把这个数组叫做任务的事件处理函数表。

我们用 "Go to definition of" 快捷菜单命令来查看 pTaskEventHandlerFn 类型的定义，可以看到该类型的定义位于 OSAL_Tasks.h 文件中，其定义如下：

typedef unsigned short （*pTaskEventHandlerFn）（ unsigned char task_id, unsigned short event ）;

很显然，pTaskEventHandlerFn 是一个函数指针类型，它所指向的函数有 2 个形参：一个是 unsigned char task_id，另一个是 unsigned short event，函数的返回值为 unsigned short。

因此，数组 tasksArr[]是一个函数指针数组，数组中存放的是函数指针，即函数名，数组 tasksArr[]中所存放的函数指针具有以下特点：函数的返回值为 unsigned short 类型，有 2 个形参，一个形参是 unsigned char task_id，另一个是 unsigned short event。使用函数指针数组可以极大地方便编程，关于函数指针数组的用法我们将在后续的 OSAL 原理分析部分再作介绍。

第 44 行：定义只读型变量 tasksCnt，该变量值为数组 tasksArr[]中的元素的个数，即系统中任务数。其中，sizeof（ tasksArr ）用来计算数组的长度，sizeof（tasksArr[0]）用来计算数组中元素的长度。

第 45 行：定义指向 uint16 类型的指针变量。在第 51 行、第 52 行代码分析中我们可以看出，tasksEvents 实际上是一个 uint16 类型的数组名，数组中的元素个数与函数指针数组 tasksArr[]中的元素个数相等，用来存放各任务的事件状态，我们把它叫做任务事件数组。

第 47 行～第 69 行：定义任务初始化函数 osalInitTasks（）。该函数的主要功能是，为任务事件数组分配存储空间，将各任务的事件状态设置成 0（无事件发生），为系统中各任务分配任务号。

第 49 行：定义任务 ID 号变量 taskID。该变量实际上是一个计数器，初值为 0。

第 51 行：为任务事件数组分配存储空间。

语句中，函数 osal_mem_alloc（）函数的功能是分配若干字节的存储区，并返回这一存储区的首地址。sizeof（ uint16 ）的作用是计算一个 uint16 型变量所占的字节数，在第 44 行代码中，tasksCnt 的值为系统中任务数，所以，第 51 行语句被执行后，系统会分配一个存储区，该存储区的字节数为 2×tasksCnt，并将该存储区的首地址赋给变量 tasksEvents，也就是说，tasksEvents 代表这一存储区的首地址。

定义 uint16 型数组的语句"uint16 tasksEvents[tasksCnt];"执行后，数组 tasksEvents[]所占的字节数为 2×tasksCnt，数组名 tasksEvents 代表的是这一存储区的首地址。

由此可见，第 45 行、第 51 行实际上是定义数组 tasksEvents[]，该数组的类型为 uint16，数组中的元素个数为任务数。

第 52 行：将 51 行中所分配的存储区设置成 0。即将数组 tasksEvents 中的元素值设为 0。也就是将各任务的事件状态设置成无事件发生状态。

第 54 行～第 67 行：介质访问控制层、网络层、硬件层等任务的初始化。其作用是，对各层中所用的全局变量赋初值、设置相关硬件的参数（例如串口的波特率、定时器的计数初值，等等）、给任务分配任务 ID 号。这几行代码及其排放的顺序一般不要修改。

这几行代码的特点是，函数的实参为 taskID++，函数执行后变量 taskID 的值加 1。

第 68 行：应用层任务初始化。其作用是对应用层中相关全局变量进行初始化、对相关硬件按用户要求进行初始化、给应用层分配任务 ID 号。

本例中，SampleApp_Init（）是 osalInitTasks（）函数中最后执行的一个初始化函数，其后再无其他任务的初始化，函数执行后，任务 ID 号就不必加 1，所以该函数的实参是 taskID，实参的后面无++运算符。如果在协议栈中还增加了其他任务，并且该任务的初始化排放在 SampleApp_Init（）之后，则函数 SampleApp_Init（）的实参应改为 taskID++，而将最后调用的那个函数的实参设为 taskID。

OSAL_SampleApp.c 文件实际上是操作系统 OSAL 中的一部分。其功能是，定义任务的事件处理函数表 tasksArr[]、任务的事件表 tasksEvents[]、任务数 tasksCnt 3 个参数，定义任务初始化函数 osalInitTasks（）。这些参数和函数有以下特点：

● 事件处理函数表 tasksArr[]、任务的事件表 tasksEvents[]中的元素一一对应、个数相等，其个数为任务数 tasksCnt。

● 任务初始化函数 osalInitTasks（）中所调用的任务初始化函数与事件处理函数表 tasksArr[]中所列出的事件处理函数一一对应，即它们在数量上、顺序上相同。本例事件处理函数表 tasksArr[]中任务事件处理函数与 osalInitTasks（）中所调用的任务初始化函数的对应关系如表 3-2 所示。

表 3-2 事件处理函数与任务初始化函数的对应关系

序号	tasksArr[]中的元素	含义	osalInitTasks（）调用函数	含义
0	macEventLoop	介质访问控制事件处理函数	macTaskInit（）	介质访问控制层任务初始化函数
1	nwk_event_loop	网络层事件处理函数	nwk_init（）	网络层任务初始化函数
2	Hal_ProcessEvent	硬件层事件处理函数	Hal_Init（）	硬件层任务初始化函数
...	...	...	...	...
8	SampleApp_ProcessEvent	应用层事件处理函数	SampleApp_Init（）	应用层任务初始化函数

● 代码编写的顺序按上述要求编排后，各任务的 ID 号实际上是事件处理函数表 tasksArr[]中的下标号。例如，在 osalInitTasks（）中第 9 次调用任务初始化函数时调用的函数是 SampleApp_Init（），应用层的任务 ID 号是 8，其对应的事件处理函数是 tasksArr[]中的第 9 个元素，其下标号也是 8。

3. OSAL 工作原理分析

ZStack 中嵌入了一个操作系统，这个操作系统叫 OSAL，它采取任务轮询、事件驱动的方式来实现任务事件处理。为了帮助读者理解 ZStack 中各任务事件是如何处理的，下面对 OSAL 的工作原理及系统运行的过程进行分析，其中涉及的程序文件主要有 ZMain 组中的 ZMain.c 文件、OSAL 组中的 OSAL.c 文件、APP 组中的 OSAL_SampleApp.c 文件和 SampleApp.c 文件（Coordinator.c 的样例文件）4 个文件。

（1）OSAL 轮询处理的原理

OSAL 依靠 tasksEvent[]数组（任务的事件表）、tasksArr[]数组（任务的事件处理函数表）、tasksCnt 变量（任务个数）、idx 变量（任务号）共 4 个参数来实现任务事件的轮询处理。其中，tasksEvent[]数组、tasksArr[]数组和tasksCnt变量的定义位于OSAL_SampleApp.c文件中，idx变量的定义位于OSAL.c文件的osal_run_system（）函数中，它实际上是轮询任务事件表tasksEvent[]时的下标变量。从OSAL_SampleApp.c文件的程序代码中我们可以看出任务事件表和事件处理函数表是一一对应的。上述4个参数之间的关系如图3-7所示。

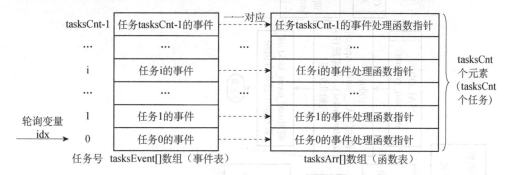

图3-7 任务事件表与事件处理函数表的关系

任务事件发生后，需要将任务的事件代码填写至tasksEvent[]数组（任务事件表）的对应位置处，系统事件的填写由OSAL完成，用户事件的填写则由用户编程完成（用osal_set_event（）函数或者osal_start_timerEx（）函数来实现）。

OSAL进行事件处理时，从tasksEvent[]数组的第0个元素开始，即从任务0开始，依次查询各任务是否有事件发生（表中元素的值是否为0），若有事件发生（元素的值不为0），则到tasksArr[]数组（函数表）中对应的位置处找到任务事件的处理函数入口地址（函数指针），并进行一个事件处理，事件处理结束后，再将该任务中当前尚未处理的事件再填写到tasksEvent[]数组（事件表）的当前任务处，以便下一轮回继续处理该任务的余下事件，然后再检查下一任务是否有事件发生，并作相应处理。当所有任务的事件都查询完毕后，则再从任务0开始重新查询处理，如此无限循环。

（2）OSAL轮询处理程序分析

OSAL中，事件的轮询及对应处理函数的调用是由OSAL.c文件中的osal_run_system（）函数完成的。用户事件的填写及事件处理函数的实现则是由用户在协调器、路由器、终端节点的应用程序中实现的。以TI公司提供的样例程序为例，系统运行的流程图如图3-8所示。

单片机上电后从main（）函数开始执行程序，ZStack的main（）函数位于ZMain组的Zmain.c文件中，Zmain.c的79行～143行为main（）函数的内容，其中第119行调用的是OSAL.c文件中的osal_init_system（）函数，第140行调用的是OSAL.c中的osal_start_system（）函数。

在Zmain.c文件中，用IAR提供的"Go to definition of"快捷菜单命令可以打开osal_init_system（）函数所在文件OSAL.c，并查看该函数的内容。我们可以看到，osal_init_

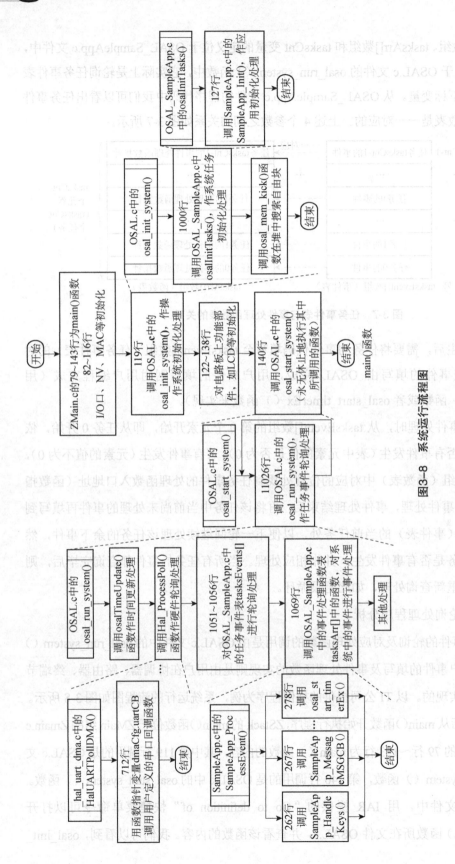

图3-8 系统运行流程图

system（）函数的定义位于 OSAL.c 的 985～1006 行。逐次用"Go to definition of"快捷菜单命令查看函数的定义（为了简化篇幅，后面的描述中我们不再提及函数查看的过程，只介绍相关函数及函数所在的文件，请读者用"Go to definition of"快捷菜单命令自行查看），我们可以看到，第 1000 行处调用的是 OSAL_SampleApp.c 文件中的 osalInitTasks（）函数。osalInitTasks（）函数中，在第 127 行处调用的是 SampleApp.c 文件中的 SampleApp_Init（）函数。

从上述代码的观察中我们可以看出，OSAL_SampleApp.c 文件中的 osalInitTasks（）函数实际上是 main（）函数中最后调用的初始化函数，而 SampleApp_Init（）函数是 osalInitTasks（）函数中最后调用的用户初始化函数。如果在 SampleApp_Init（）函数中对单片机的硬件进行设置，例如，定义 I/O 口的功能、重新设置串口的波特率等，系统将按照用户的设置去配置单片机。

在 Zmain.c 文件中，我们再查看第 140 行 osal_start_system（）函数的定义。我们可以看到，osal_start_system（）函数的定义位于 OSAL.c 文件的 1020～1028 行。该函数的定义如下：

```
1    void osal_start_system（ void ）              //1020
2    {                                              //1021
3    #if !defined（ ZBIT ） && !defined（ UBIT ）   //1022
4      for（;;）   // Forever Loop                   //1023
5    #endif                                         //1024
6    {                                              //1025
7      osal_run_system（）;                         //1026
8    }                                              //1027
9    }                                              //1028
```

由此可见，osal_start_system（）函数由一个死循环构成，循环体中只调用了 osal_run_system（）函数。因此，osal_run_system（）函数是永无休止地执行的。

再查看 osal_run_system（）函数，我们可以看到，该函数中包含了一些条件编译指令和开关中断的代码，其中关中断的作用是保证系统中全局变量在某段时间内不被其他程序同时访问。简化这部分代码，则 osal_run_system（）函数如下所示（其中注释后面的数值为该代码在 OSAL.c 文件中的行号）：

```
1    void osal_run_system（ void ）           //1044
2    {                                         //1045
3      uint8 idx = 0;                          //1046 任务查询初始化，从任务 0 开始
4      osalTimeUpdate（）;                     //1048 更新系统时钟
5      Hal_ProcessPoll（）;                    //1049 硬件（串口/SPI 口/定时器等）轮询处理
```

```
6      do {                                        //1051 循环检查任务事件表
7        if （tasksEvents[idx]）                    //1052 当前任务是否有事件发生?
8        {                                         //1053
9          break;                                  //1054 若有事件发生,则跳出循环
10       }                                         //1055
11     } while （++idx < tasksCnt）;                //1056 准备查下一任务,直至事件表中所有任务查
                                                        询完毕
12     if （idx < tasksCnt）                        //1058 判断是哪种情况结束的事件查询
13     { //1059 找到了有事件发生的任务,则进行事件处理
14       uint16 events;                            //1060 定义事件号变量
15       halIntState_t intState;                   //1061 定义中断状态变量
16       HAL_ENTER_CRITICAL_SECTION（intState）;    //1063 保存当前的中断状态后再关闭
                                                        中断
17       events = tasksEvents[idx];                //1064 从任务事件表中取事件
18       tasksEvents[idx] = 0;                     //1065 清除当前任务的事件
19       HAL_EXIT_CRITICAL_SECTION（intState）;     //1066 恢复中断状态
20       activeTaskID = idx;                       //1068 活动任务号设为当前任务
21       events = （tasksArr[idx]）（idx, events）;  //1069 执行函数表中对应的处理函数,
                                                        并获取当前没处理完的事件
22       activeTaskID = TASK_NO_TASK;              //1070 活动任务号设为无任务
23       HAL_ENTER_CRITICAL_SECTION（intState）;    //1072 保存当前的中断状态后再关闭中断
24       tasksEvents[idx] |= events;               //1073 将未处理完的事件写入任务事件
                                                        表的当前任务处
25       HAL_EXIT_CRITICAL_SECTION（intState）;     //1074 恢复中断状态
26     }                                           //1075 事件处理结束
27   }                                             //1089
```

第6～第11行代码的作用是,用do-while循环检查任务事件表中各任务的事件状态,若有事件发生,则跳出循环,此时idx的值一定小于tasksCnt。若无事件发生,则检查下一任务的事件状态,直至所有任务检查完毕。若是事件表中的所有任务都无事件发生,循环结束时idx的值等于tasksCnt。

第12行代码的作用是,判断当前是否找到了有事件发生的任务。idx<tasksCnt表明do-while是提前结束的,即为找到了有事件发生的任务时结束的循环。

第18行代码的作用是,将当前任务的事件暂时设为0。

第21行代码的作用是,执行当前任务的事件处理函数。

在分析OSAL_SampleApp.c文件中程序代码时,我们曾介绍过,tasksArr[]数组存放的是函数指针。当idx=8时,osal_run_system（）函数中的第21行代码就等价于:

　　events = （tasksArr[8]）（8, events）;

查看tasksArr[]数组的内容,我们可以看到tasksArr[8]的内容为任务8的任务事件处理

函数的函数名 SampleApp_ProcessEvent，因此第 21 行代码就等价于：

events = SampleApp_ProcessEvent（8, events）;

也就是调用 SampleApp_ProcessEvent（）函数对任务 8 的事件进行处理，并将未处理的事件返回给变量 events。

第 24 行代码的作用是，将未处理完的事件写入任务事件表中当前任务处。

第 18 行代码执行后，tasksEvents[idx]=0。因此，第 24 行代码等价于"tasksEvents[idx] = 0 | events;"，也就是将事件处理函数中返回的未处理事件（第 21 行代码执行后的结果）写入事件表中当前任务处。

✎ 实践拓展

用新任务处理串口数据

用新任务处理某个事件的编程方法是，首先在节点程序文件中定义新任务全局变量和新任务的事件代码；然后在节点的程序文件中编写新任务的初始化函数和新任务的事件处理函数，并在其接口文件中增加这 2 个函数的说明；最后在任务的事件处理函数表 tasksArr[]中添加新任务的事件处理函数，并在 osalInitTasks（）函数中调用新任务的初始化函数。用新任务实现本例功能的实现步骤如下。

第 1 步：在 Coordinator.c 文件中定义新任务全局变量和新任务的事件代码，其代码如下：

```
#define USER_UART_EVT 0x0001
uint8 UserTask_ID;
```

第 2 步：在 Coordinator.c 文件中编写新任务的初始化函数和新任务的事件处理函数，其代码如下：

```
void UserTask_Init（uint8 task_id）
{
  UserTask_ID=task_id;
  osal_set_event（UserTask_ID,USER_UART_EVT）;
}
uint16 UserTask_Event（uint8 task_id, uint16 events）
{
  （void）task_id;                        //未引用的参数
  if（events & USER_UART_EVT）            //305 改
  {                                      //306
    uint16 len;                          //加
```

```
            len=HalUARTRead（0,UsartBuf,50）;              //加 从串口中读 50 个数据
            if（len>0）                                      //加 判断是否接收到了数据
            {                                                //加
                HalUARTWrite（0,"\r\n",2）;                  //加 发送回车换行符
                HalUARTWrite（0,UsartBuf,len）;              //加 将所接收到的数据送回计算机中显示
                osal_memset（UsartBuf,0,len）;               //加 将接收数据缓冲区清空
            }
            // 再次触发用户事件
            osal_start_timerEx（UserTask_ID, USER_UART_EVT,  //311 过 1s 后再设置事件
                200）;                                       //312 改
            return（events ^ USER_UART_EVT）;               //315 改 返回未处理完毕的事件
        }                                                    //316
        return 0;                                            //319 丢弃未知事件
    }                                                        //320
```

第 3 步：删除 Coordinator.c 中第 76 行、第 89 行～第 103 行代码。这几行代码的作用是在 SampleApp_TransID 任务中设置串口事件、处理串口事件，此处需要在 UserTask_ID 任务中设置串口事件、处理串口事件，所以必须删除掉。

为了让读者能了解 Coordinator.c 文件修改后的结构，现列出修改后的 Coordinator.c 文件，其中省略的部分为原 Coordinaot.c 中对应代码。

```
#include "OSAL.h"                                           //59
…
#include "OnBoard.h"                                        //68
#define USER_UART_EVT 0x0001                                //用户事件:串口发送数据
uint8 UsartBuf[51];                                         //串口缓冲区:存放接收或发送的数据
…
uint8 SampleApp_TaskID;                                     //128 应用程序中的任务 ID 号
uint8 UserTask_ID;                                          //新任务的任务 ID 号
devStates_t SampleApp_NwkState;                             //131 网络状态
…
uint16 SampleApp_ProcessEvent（uint8 task_id, uint16 events） //248
{                                                           //249
    …
            if（SampleApp_NwkState == DEV_ZB_COORD）        //273 改 若为协调器
            {                                                //276
                //此处用来处理 SampleApp_TaskID 任务中的 ZDO_STATE_CHANGE 事件
            }                                                //281
            break;                                           //286
        …
        return（events ^ SYS_EVENT_MSG）;                   //300 返回未处理完的事件
    }                                                        //301
//此处添加处理 SampleApp_TaskID 任务中用户事件代码
```

```
    return 0;                                              //319 丢弃未知事件
}                                                          //320
void UserTask_Init（uint8 task_id）
{
    UserTask_ID=task_id;
    osal_set_event（UserTask_ID,USER_UART_EVT）;
}

uint16 UserTask_Event（uint8 task_id, uint16 events）
{
    ...
}                                                          //320
```

第 4 步：在 Coordinator.h 文件中增加新任务的初始化函数和新任务的事件处理函数的说明，其代码如下：

```
extern    void UserTask_Init（uint8 task_id）;//新任务的初始化函数
extern    uint16 UserTask_Event（uint8 task_id, uint16 events）;//新任务的事件处理函数
```

第 5 步：在 OSAL_SampleApp.c 文件的 tasksArr[]中添加新任务的事件处理函数，其代码如下：

```
const pTaskEventHandlerFn tasksArr[] = {                   //72
...
SampleApp_ProcessEvent,                                    //87
UserTask_Event
};                                                         //88
```

其中，第 87 行后面要加上"，"。

第 6 步：在 OSAL_SampleApp.c 文件的 osalInitTasks（）函数中增加调用新任务的初始化函数的代码，其代码如下：

```
void osalInitTasks（void）                                  //106
{                                                          //107
...
SampleApp_Init（taskID++）;                                 //127
UserTask_Init（taskID）;
}                                                          //128
```

其中，第 127 行的实参"taskID"要改为"taskID++"。

第 7 步：重新编译程序，并将程序下载至协调器中，用串口调试助手向协调器发送一串字符，协调器就会将所接收到的字符再发送到计算机中显示。

实践总结

串口编程包括初始化串口和读写串口两部分。在协议栈中初始化串口的方法是，先定义一个 halUARTCfg_t 型的结构体变量，然后通过设置该变量的 baudRate、callBackFunc、flowControl 等成员的值来配置串口的波特率、回调函数和是否使用流控制等参数，再用 HalUARTOpen（）函数按照结构体变量所设置的参数初始化串口，串口初始化程序一般放在应用初始化函数中。在协议栈中读串口的操作函数是 HalUARTRead（），写串口的操作函数是 HalUARTWrite（）。

对于节点的串口而言，发送数据是主动的，接收数据是被动的。串口何时发送该数据程序是事先预知的，而串口何时接收到了数据程序事先是不知道的。用串口发送数据一般是在程序需要的地方直接调用 HalUARTWrite（）函数，读取串口接收数据常采用回调函数法或者事件驱动法来实现。

用事件驱动法处理串口接收数据的编程方法是，先定义一个接收串口数据事件，然后利用节点的状态改变事件来设置接收串口数据事件，再在接收串口数据事件处理程序中用 HalUARTRead（）函数将串口缓冲区中的接收数据读至用户缓冲区中，并对其处理，然后用 osal_start_timerEx（）函数再次设置接收串口数据事件。

ZStack 中采用了大量的条件编译，在协议栈中使用串口时需要定义符号"HAL_UART"，并将其值设置为"TRUE"，否则程序编译时并不产生串口初始化代码。定义符号的方法是，在 IAR 的"C/C++ Compiler"列表项的新行中输入"HAL_UART= TRUE"。

OSAL 是一个任务轮询、事件驱动的操作系统，它通过任务的事件表 tasksEvent[]、任务的事件处理函数表 tasksArr[]、任务个数变量 tasksCnt 和任务号变量 idx 来实现任务事件的轮询处理。其中任务事件表 tasksEvent[]和事件处理函数表 tasksArr[]是一一对应的，其元素的个数为 tasksCnt。任务事件的轮询处理的方法是，从 tasksEvent[]的第 0 个元素开始，依次查询 tasksEvent[i]（i=0～tasksCnt-1）的值是否非 0，若为非 0，则执行 tasksArr[i]中的事件处理函数（执行语句（events =（tasksArr[idx]）（ idx, events ）;），事件处理结束后，再将任务 i 中当前尚没有处理的事件再填写到事件表 tasksEvent[i]中，然后再检查 tasksEvent[i+1]是否非 0，并作相应处理。当 tasksEvent[]项中所有元素都查询完毕后，则再从任务 0（tasksEvent[0]）开始重新查询处理。

开发 ZigBee 应用程序时常需在 OSAL 中添加新任务。添加新任务的方法是，先在节点程序中定义新任务的全局变量和新任务的事件代码，然后编写新任务的初始化函数和事件处理函数，最后在任务的事件处理函数表 tasksArr[]的末尾处添加新任务的事件处理函数，在 osalInitTasks（）函数的末尾处添加新任务的初始化函数，以保证任务的事件处理函数与任务初始化函数在位置上一一对应。

习题

1. 初始化串口的函数是_____。

2. 从串口中读取数据的函数是_____。

3. 用串口发送数据的函数是_____。

4. 为指定的任务设置事件的函数是_____。

5. 串口 0 不采用流控制，波特率为 9600bps，串口接收数据采用事件驱动方式进行处理，请写出串口初始化函数。

6. 某应用系统中需用串口 0 接收上位机发送来的数据，并将接收数据再用串口 1 发送至计算机中显示，请编写串口数据处理程序。

7. 某应用系统开发的过程中需要在 IAR 中定义符号 ZTOOL_P1，请简述其设置方法，并上机实践。

8. 简述用事件驱动法处理串口接收数据的编程方法。

9. 简述在 OSAL 中添加新任务的方法。

10. 简述 OSAL 轮询处理的原理。

项目 4　用回调函数处理串口接收数据

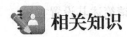

任务要求

选用 1 个 ZigBee 模块作为协调器,对 ZStack 中的应用程序进行适当剪裁,并添加串口初始化程序,编写串口的回调函数,在回调函数中处理计算机所发来的数据,若协调器接收到的数据是以"无线组网技术"开头的字符串,则将所接收到的数据发送到计算机中显示,否则在计算机中显示"数据错误!"。其中,协调器与计算机进行串口通信的波特率为 115200bps。

相关知识

1. 回调函数

如果我们把 A 函数的指针(函数的入口地址或者说是函数名)作为一个参数传递给另一个函数——B 函数,则 B 函数就可以通过这个指针来调用它所指向的 A 函数,这个过程就叫做函数的回调,其中,A 函数就叫做回调函数。具体来讲,设有 2 个函数 funA()和 funB(),其中,funB()的原型说明类似于"funB(XXX,void (*pfn)());",程序中调用函数 funB()的语句类似于"funB(XXX,funA);",其中,XXX 表示若干个其他参数,则函数 funB()是通过函数指针来调用函数 funA()的,这个过程就叫函数的回调,函数 funA()就叫做回调函数。

在模块化程序设计中,不同的模块程序通常是由不同的程序员在不同时间编写的,用回调函数可以实现底层模块中的函数调用上层模块中的函数。例如,在串口通信中,为了实现程序的模块化,通常把数据的接收和数据的处理分别放在不同的模块中,其中,数据的接收模块程序一般是由设备厂商编写的,它只实现接收数据的功能,并不解析这些数据的含义。数据的处理模块程序一般是由用户编写的,它只负责解析串口数据的含义,不管数据是如何接收到的。这 2 个模块程序合在一起才能完成串口接收数据处理功能。因此,设备厂商在编写串口处理程序时就需要应用函数回调技术来调用用户尚未编写的串口数据处理程序,而在用户编写的应用程序中,需要具体地编写回调函数,用回调函数处理串口接收数据,并将回调函数的入口地址传递给设备厂商编写的串口处理程序中。

在 ZStack 中，串口的接收数据程序是由 TI 公司编写的，串口的应用程序是由用户编写的，ZStack 采用了函数回调技术来实现串口接收数据与数据处理程序的模块化，用户只需定义回调函数，并将回调函数的入口地址（函数名）传递给串口的接收数据程序，ZStack 就会用用户编写的串口回调函数处理串口接收数据，至于 ZStack 中是如何调用回调函数的、回调函数的原型说明的是什么，我们将在程序分析中再作具体介绍。

2. osal_memcmp（ ）函数

该函数的定义位于 OSAL.c 文件中，函数的原型说明如下：

uint8 osal_memcmp（ const void GENERIC *src1, const void GENERIC *src2, unsigned int len ）；

该函数的功能是，对 2 个存储区的内容进行比较，函数中各参数的含义如下。

- src1：待比较的第 1 个数据区的首地址。
- src2：待比较的第 2 个数据区的首地址。
- len：所需比较的字节数。

该函数的返回值为比较的结果，共有 2 个值，其含义如下。

- TRUE：内容相同。
- FALSE：内容不同。

例如，比较数组 buf1[]与 buf2[]的前 20 个字节的内容是否相同的程序如下：

```
if（osal_memcmp （ buf1,buf2,20 ））
{
    //内容相同时的处理代码
}
else
{
    //内容不同时的处理代码
}
```

3. osal_strlen（ ）函数

该函数的定义位于 OSAL.c 文件中，函数的原型说明如下：

int osal_strlen（ char *pString ）；

该函数的功能是，计算一个字符串的长度，函数中各参数的含义如下。

- pString：所要计算的字符串，要求字符串必须以 NULL（值为 0x00）结尾。

该函数的返回值为字符串的长度，即 NULL 之前的非 0 数值的个数。

例如，

unsigned int len;   //1

len=osal_strlen（"无线组网技术"）;   //2

语句 2 执行后，len 的值为 12。

再如，

unsigned   int len;   //1
unsigned   char buf[]={0x30,0x31,0x32,0x33,0x00};   //2
len=osal_strlen（ buf ）;   //3

语句 3 执行后，len 的值为 4。

4. osal_memset（）函数

该函数的定义位于 OSAL.c 文件中，函数的原型说明如下：

void *osal_memset（ void *dest, uint8 value, int len ）;

该函数的功能是，将用户缓冲区的内容设置成指定值，函数中各参数的含义如下。

- dest：用户缓冲区的地址。
- value：所要设置的值。
- len：所需设置的长度。

该函数的返回值为目的存储区的首地址。

例如，将用户缓冲区 UsartBuf 中最开始的 10 个字节数据设置成 0x5a，其程序段如下：

uint8 UsartBuf[50];
osal_memset（UsartBuf,0x5a,10）;

实现方法与步骤

本例的功能只需一个协调器就可以实现，所涉及的程序文件主要有 Coordinator.c、OSAL_SampleApp.c、Coordinator.h 3 个文件，其中 OSAL_SampleApp.c、Coordinator.h 的内容与项目 3 中的 OSAL_SampleApp.c、Coordinator.h 的内容完全相同。本例的操作步骤与项目 3 中的操作步骤相同，也是先编写程序，然后对程序进行编译，再下载到协调器中运行。为了节省篇幅，我们只介绍 Coordinator.c 文件中的程序代码，对于操作步骤就不再介绍，请读者参考前面的内容自行完成。

编制协调器的程序文件

编制 Coordinator.c 文件的操作与项目 3 中的操作步骤相同，在此不再赘述。Coordinator.c 文件的内容如下。其中，黑体部分是相对项目 3 中的协调器程序所添加或修改部分，文件中各符号的含义与项目 3 中各文件中的符号含义相同。

```
1    /****************************************************************
2                    项目 4  用回调函数实现串口的数据收发
3                           协调器程序（Coordinator.c）
4    ****************************************************************/
5    #include "OSAL.h"                                //59
6    #include "ZGlobals.h"                            //60
7    #include "AF.h"                                  //61
8    #include "ZDApp.h"                               //63
9    #include "Coordinator.h"                         //65 改
10   #include "OnBoard.h"                             //68
11
12   const SimpleDescriptionFormat_t SampleApp_SimpleDesc =//98
13   {                                                //99
14       SAMPLEAPP_ENDPOINT,                          //100   端口号
15       SAMPLEAPP_PROFID,                            //101   应用规范 ID
16       SAMPLEAPP_DEVICEID,                          //102   应用设备 ID
17       SAMPLEAPP_DEVICE_VERSION,                    //103   应用设备版本号（4bit）
18       SAMPLEAPP_FLAGS,                             //104   应用设备标志（4bit）
19       0,                                           //105 改 输入簇命令个数
20       (cId_t *) NULL,                              //106 改 输入簇列表
21       0,                                           //107 改 输出簇命令个数
22       (cId_t *) NULL                               //108 改 输出簇列表
23   };                                               //109
24
25   endPointDesc_t SampleApp_epDesc;                 //115
26   uint8 SampleApp_TaskID;                          //128
27   //函数说明
28   static  void  rxCB（uint8  port,uint8  event）;//串口回调函数
29   /****************************************************************
30                           应用程序初始化函数
31   ****************************************************************/
32   void SampleApp_Init（ uint8 task_id ）            //173
33   {                                                //174
34       halUARTCfg_t  uartConfig;    //串口配置参数
35       SampleApp_TaskID = task_id;                  //175
36
37       SampleApp_epDesc.endPoint = SAMPLEAPP_ENDPOINT;   //213
38       SampleApp_epDesc.task_id = &SampleApp_TaskID;     //214
39       SampleApp_epDesc.simpleDesc                       //215
40           = （SimpleDescriptionFormat_t *）&SampleApp_SimpleDesc;//216
41       SampleApp_epDesc.latencyReq = noLatencyReqs;      //217
42
```

```
43        afRegister（&SampleApp_epDesc）;                //220
44
45        uartConfig.configured = TRUE;                   //使用串口
46        uartConfig.baudRate = HAL_UART_BR_115200;       //波特率为 115200
47        uartConfig.flowControl = FALSE;                 //不采用流控制
48        uartConfig.callBackFunc = rxCB;                 //回调函数为 rxCB
49        HalUARTOpen（0,&uartConfig）;                   //串口初始化
50      }                                                 //233
51  /************************************************************
52                     任务事件处理函数
53  ************************************************************/
54  uint16 SampleApp_ProcessEvent（uint8 task_id, uint16 events） //248
55  {                                                   //249
56      return 0;                                       //319 丢弃未知事件
57  }                                                   //320
58  /************************************************************
59                     串口回调函数
60  ************************************************************/
61  static void rxCB（uint8 port,uint8 event）
62  { uint8 len;
63      uint8 uartbuf[128];                             //串口缓冲区
64      len=HalUARTRead（0,uartbuf,128）;                //从串口中读取接收数据
65      if（len>0）                                      //判断是否接收到数据
66      {
67        if（osal_memcmp（uartbuf,"无线组网技术",osal_strlen（"无线组网技术"）））//检查数据头
68        {//数据头为"无线组网技术"
69          HalUARTWrite（0,"\r\n",2）;                  //串口输出回车换行符
70          HalUARTWrite（0,uartbuf,len）;               //串口输出所接收的字符
71        }
72        else                                          //数据头不是"无线组网技术"
73        {//输出提示信息
74          HalUARTWrite（0,"\r\n 数据错误！",osal_strlen（"数据错误！"）+2）;
75        }
76        osal_memset（UsartBuf,0,len）;                 //加 将接收数据缓冲区清空
77      }
78  }
```

编写好程序后，在 IAR 中添加预处理符号"HAL_UART=TRUE"（如图 3-5 所示），再将程序编译连接并下载到协调器中，打开串口调试助手，在串口调试助手中设置好串行通信的串口号、波特率、数据位等数据，然后运行协调器中的程序。我们可以看到串口调试助手中显示协调器的 MAC 地址、网络 ID 号等信息后不再显示任何信息。

用串口调试助手向协调器发送以"无线组网技术"开头的字符串，协调器就会将所接收到的数据再发送到计算机中显示，如果串口调试助手发送的字符串不是以"无线组网技术"开头的字符串，则协调器就会向计算机发送"数据错误!"，如果4-1所示。

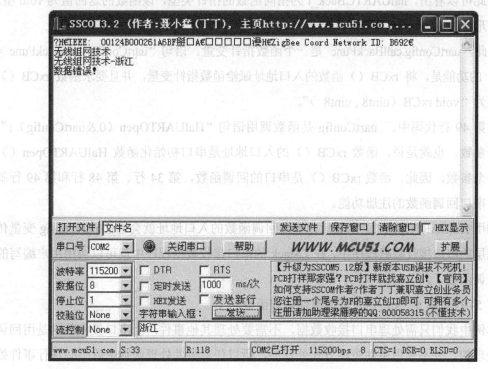

图 4-1 串行通信的结果

★ 程序分析

1. Coordinator.c 文件中的代码分析

在 Coordinator.c 文件中，多数代码我们已在项目 3 中分析过，在此我们只分析本例中新增加或修改的程序代码。

第 28 行：串口回调函数说明。

在第 61 行的回调函数定义中，回调函数 rxCB（）前面有关键字"static"，所以此处的函数说明中也要加上关键字"static"。

第 48 行：将串口的回调函数设置成 rxCB（回调函数的函数名）。

从第 34 行代码中可以看出，变量 uartConfig 为 halUARTCfg_t 型的结构体变量。在项目 3 的学习中，我们知道，halUARTCfg_t 型结构体变量的最后一个成员为 callBackFunc，其定义为"halUARTCBack_t   callBackFunc;"。我们用"Go to definition of"快捷菜单可以

查看到 halUARTCBack_t 的定义位于 hal_uart.h 文件中，其定义如下：

typedef void （*halUARTCBack_t） （uint8 port, uint8 event）；

由此可以看出，halUARTCBack_t 为指向函数的指针类型，该函数的返回值为 void 型，函数有形参为 uint8 port 和 uint8 event。

因此，uartConfig.callBackFunc 是一个函数指针变量。语句"uartConfig. callBackFunc = rxCB;"的功能是，将 rxCB（）函数的入口地址赋给函数指针变量，并且要求函数 rxCB（）的原型为"void rxCB（uint8，uint8）"。

在第 49 行代码中，uartConfig 是函数调用语句"HalUARTOpen（0,&uartConfig）;"的一个参数，也就是说，函数 rxCB（）的入口地址是串口初始化函数 HalUARTOpen（）时的一个参数，因此，函数 rxCB（）是串口的回调函数，第 34 行、第 48 行和第 49 行就完成了串口回调函数的注册功能。

调用 HalUARTOpen（）函数后，串口回调函数的入口地址就会通过 uartConfig 变量传递给底层的串口接收数据程序中，在 ZStack 的串口接收数据程序中就可以调用用户编写的串口回调函数了。

第 54 行～第 57 行：定义任务事件处理函数。

本例中我们只需处理串口接收数据，不需要处理其他事件，而串口接收数据是用回调函数处理的，并不是用事件驱动方式处理的，所以任务事件处理函数中就不必进行事件处理了。

在 OSAL_SampleApp.c 文件的 tasksEvent[]数组中，数组的最后一个元素是 SampleApp_ProcessEvent，OSAL 在进行任务轮询时需要调用 SampleApp_ProcessEvent（）函数，所以我们在程序中仍保留了 SampleApp_ProcessEvent（）函数的定义，而将该函数内容修改为不做任务工作。

需要注意的是，尽管 SampleApp_ProcessEvent（）函数并没有做什么工作，我们是不能将 tasksEvent[]数组中的 SampleApp_ProcessEvent 元素删除的，否则，tasksCnt 的值就会减 1，这样会出现 SampleApp_Init（）函数中任务号超界的现象。

第 61 行～第 77 行：串口回调函数的定义。

从第 48 行代码分析中我们可以看出，在 hal_uart.h 文件中定义的函数指针为"typedef void （*halUARTCBack_t） （uint8 port, uint8 event）;"，所以，我们要将串口的回调函数定义成"void rxCB（uint8 port,uint8 event）"。

函数前面的关键字"static"的作用是，将 rxCB（）函数定义为一个静态函数，该函数的使用范围仅限于函数所在的模块文件（Coordinator.c 文件）中。也就是说，用关键字"static"

修饰函数 rxCB（）后，rxCB（）函数就被定义成一个内部函数，在 Coordinator.c 文件中我们可以用语句"rxCB（x,y）;"调用该函数，在其他文件中我们不能用语句"rxCB（x,y）;"来调用它，只能用函数指针来调用它。将函数定义成静态函数的另一个好处是，不必考虑该函数是否会与 ZStack 中其他文件中的函数同名。

定义一个函数时，可以用关键字"static"或者"extern"来说明该函数的类型，用 static 说明的函数为静态函数，也叫内部函数，用 extern 说明的函数为外部函数，无说明的函数为外部函数。内部函数和外部函数的特点如下：

内部函数只能在定义函数的模块文件中使用，其他模块文件中不能直接调用它，只能通过函数指针来调用它。内部函数可以与其他模块中的函数同名。

外部函数在所有模块文件中都可以直接调用，外部函数不可与其他外部函数同名。

第 62 行：定义变量 len。该变量用来保存从串口中所读取的数据长度。

第 63 行：定义数组 uartbuf[]。该数组用来保存从串口中所读取的数据。

第 64 行：从串口 0 中读取 128 字节的数据，并存入数组 uartbuf[]中。

函数 HalUARTRead（）的功能是，从串口中读取若干字节数据，并存入指定的缓冲区中，函数的返回值为实际所读取的数据的长度。第 64 行代码执行后，uartbuf[]中保存的是所读取的数据，len 中保存的是数据的长度。

第 65 行：判断是否接收到了数据。

第 67 行：判断接收数据中前 12 个字节的数据是否为"无线组网技术"。

函数 osal_memcmp（）的功能是，比较 2 个存储区的内容是否相同；函数 osal_strlen（）的功能是，计算字符串的长度。

第 69 行：输出回车换行符。

第 70 行：输出所接收到的字符。

第 74 行：先输出回车换行符后，再输出"数据错误！"提示信息。

第 76 行：将串口的数据缓冲区的内容清 0。

在第 64 行中，若从串口中所读取的数据为 n 字节，则函数 HalUARTRead（）只改变数组 uartbuf[]的前 n 字节的内容，若前次串口接收到的数据为"无线组网技术"，本次接收的数据是"无"或者"无线"等，则数组 uartbuf[]中的内容仍为"无线组网技术"，这样会导致第 67 行的判断出错。解决问题的办法有 2 种：第一种方法是在处理完串口接收数据后，将串口接收缓冲区的内容清 0，第二种方法是将第 65 行的判断语句改为"if(len>=osal_strlen("无线组网技术"))"，即计算机发送来的数据不足 12 个字符，则不作数据处理。本例中，为了兼顾学习 osal 函数，我们采用了第一种方法，所以需要在第 76 行处将 uartbuf[]数组的内容清 0。其中，函数 osal_memset（）的功能是，将用户缓冲区的内容设置成指定值。

2. 串口回调函数的工作原理分析

从本例的实践中我们可以看出，如果我们定义了串口数据处理函数 rxCB（），然后在应用初始化函数（SampleApp_Init（）函数）中将串口数据处理函数的指针 rxCB 作为 HalUARTOpen（）函数的一个参数来调用 HalUARTOpen（）函数，ZStack 的底层硬件处理程序就可以调用我们所编写的串口数据处理函数 rxCB（），并按我们的要求进行串口接收数据的处理，即实现了底层硬件处理程序回调上层应用程序中的函数的功能。

在 ZStack 中，串口可以用 DMA 方式处理，也可以用中断方式（ISR 方式）处理，默认的情况下是用 DMA 方式处理的。无论采用哪种方式处理串口，串口回调函数的工作原理都是一样的。为了让读者能明白 ZStack 中回调函数的调用过程，我们先介绍 ZStack 中的串口回调函数的一般原理，然后以 DMA 方式为例详细地介绍 ZStack 中函数回调时所使用的变量、回调函数的指针传递、回调函数的调用过程。其中涉及的程序文件主要有用户应用程序文件 Coordinator.c、_hal_uart_dma.c、hal_uart.c、hal_drivers.c、OSAL.c、Zmain.c 6 个文件，核心部分是 Coordinator.c 和 _hal_uart_dma.c 两个文件。

（1）函数回调的原理

ZStack 中函数回调的实现原理如下：

① 先在串口接收数据模块中定义一个函数指针变量 uartCBack，该变量是一个静态全局变量，仅限于串口接收数据模块文件中使用，其定义如下：

static halUARTCBack_t uartCBack;

这里的 halUARTCBack_t 是 hal_uart.h 文件中定义的函数指针类型，其定义如下：

typedef void （*halUARTCBack_t） （uint8 port, uint8 event）;

所以，uartCBack 是一个函数指针变量。

uartCBack 有 2 个作用：一是用来存放形如"void fn（uint8 port, uint8 event）"函数的指针，即回调函数 fn（）的名字，二是通过该变量来调用其所指向的回调函数。

② 在应用模块文件（例如 Coordinator.c 文件）中，定义串口回调函数。为了方便描述，我们假定用户定义的串口回调函数为 fn（）。

③ 在应用初始化中通过 HalUARTOpen（）函数将回调函数的指针传递给函数指针变量 uartCBack。即调用 HalUARTOpen（）函数后，变量 uartCBack=fn。

④ 在串口接收数据程序中用函数指针变量调用回调函数，其语句如下：

uartCBack（ port, event ）;

在应用初始化中，变量 uartCBack=fn，上述语句就等价于"fn（ port, event ）;"，即实现了在串口接收数据程序中调用回调函数 fn（）的功能。

（2）回调函数调用过程的分析

串口用 DMA 方式处理时，串口回调函数的调用流程如图 4-2 所示。其中，保存回调函数指针的变量是结构体变量 dmaCfg 的 uartCB 成员。结构体变量 dmaCfg 的定义位于 _hal_uart_dma.c 文件的第 261 行，其定义如下：

  static uartDMACfg_t dmaCfg;

其中，uartDMACfg_t 是 _hal_uart_dma.c 文件中定义的结构体类型，其定义为：

```
typedef struct
{
  uint16 rxBuf[HAL_UART_DMA_RX_MAX];
  rxIdx_t rxHead;
  rxIdx_t rxTail;
  uint8 rxTick;
  uint8 rxShdw;

  uint8 txBuf[2][HAL_UART_DMA_TX_MAX];
  txIdx_t txIdx[2];
  volatile uint8 txSel;
  uint8 txMT;
  uint8 txTick;

  volatile uint8 txShdw;
  volatile uint8 txShdwValid;
  uint8 txDMAPending;

  halUARTCBack_t uartCB; //函数指针类型
} uartDMACfg_t;
```

所以，dmaCfg.uartCB 是一个函数指针变量，可以存放回调函数"void rxCB（uint8 port,uint8 event）"的指针。

在项目 3 的 OSAL 工作原理学习中，我们知道，main（）函数包括 2 部分程序：一是初始化部分，包括 I/O 口、NV、MAC 等初始化、系统初始化、电路板上功能部件初始化等，其中，系统初始化是通过调用函数 osal_init_system（）来完成的。二是永无休止地调用函数 osal_run_system（），作任务事件的轮询处理。在调用函数 osal_init_system（）时会调用应用程序文件（Coordinator.c 文件）中的 SampleApp_init（）函数。所以，SampleApp_init（）函数实际上是 main（）函数中初始化的一部分。

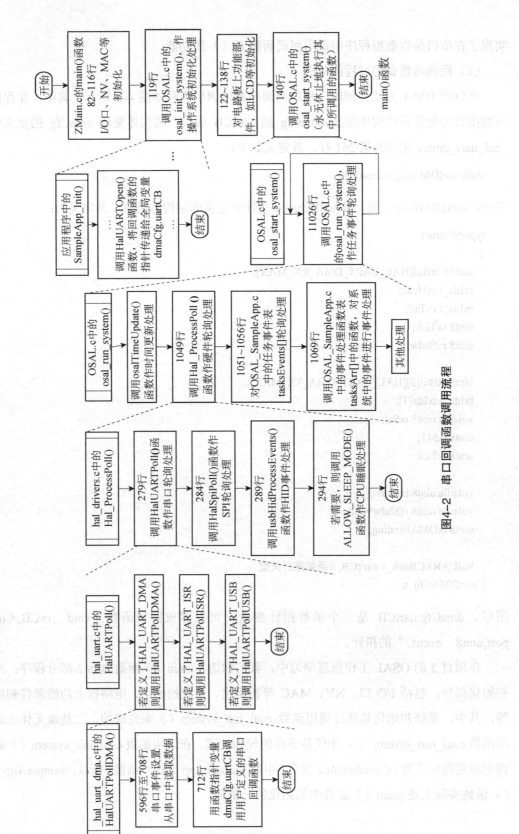

图4-2 串口回调函数调用流程

在 Coordinator.c 文件的 SampleApp_init（）函数中，第 48 行代码执行后，函数指针变量 uartConfig.callBackFunc 的值为 uartConfig.callBackFunc=rxCB，第 49 行调用 HalUARTOpen（）函数时，函数指针变量 uartConfig.callBackFunc 是 HalUARTOpen（）函数的一个参数。

用"Go to definition of"快捷菜单查看 HalUARTOpen（）函数的定义，我们可以看到，该函数的定义位于 hal_uart.c 文件的第 119 行～第 141 行，其简化的代码如下：

```
uint8 HalUARTOpen（uint8 port, halUARTCfg_t *config）
{ …
  #if （HAL_UART_DMA＝＝1）
    if （port＝＝HAL_UART_PORT_0）    HalUARTOpenDMA（config）;
  #endif
  …
}
```

其中，HAL_UART_PORT_0 是 hal_uart.h 文件中定义的宏，其值为 0。串口用 DMA 方式处理时，默认状态下，符号 HAL_UART_DMA 的值为 1。在 Coordinator.c 文件中，调用函数 HalUARTOpen（）时，第 1 个实参 port 的值为 0，第 2 个实参为&uartConfig。所以调用 HalUARTOpen（）函数时，实际上是调用 HalUARTOpenDMA（）函数，并且调用 HalUARTOpenDMA（）函数时的实参为&uartConfig。

再查看 HalUARTOpenDMA（）函数的定义，我们可以看到，HalUARTOpenDMA（）函数的定义位于_hal_uart_dma.c 文件的第 418 行～第 489 行，其简化的代码如下：

```
static void HalUARTOpenDMA（halUARTCfg_t *config）            //418
{                                                             //419
  dmaCfg.uartCB = config->callBackFunc;                       //420
  …
}                                                             //489
```

第 420 行代码的功能是，将 config 所指向的结构体变量（uartConfig 变量）的 callBackFunc 成员的值赋给 dmaCfg.uartCB。该行代码执行后，函数指针变量 dmaCfg.uartCB 的值为串口回调函数 rxCB（）的指针，即函数指针变量 dmaCfg.uartCB=rxCB。因此，我们说在应用初始化中调用函数 HalUARTOpen（）时 ZStack 就会将串口回调函数的指针传递给函数指针变量 dmaCfg.uartCB。初始化结束后，就可以通过语句"dmaCfg.uartCB（port,event）;"来调用函数 rxCB（）了。

再查看 osal_run_system（）函数的定义，函数中第 3 条语句（OSAL.c 文件中的第 1049 行）是调用 Hal_ProcessPoll（）函数作硬件轮询处理（参考项目 3 中 OSAL 轮询处理程序分析）。

函数 Hal_ProcessPoll（）的定义位于 hal_drivers.c 文件的第 269 行～第 297 行，其中第 279 行代码的功能是调用函数 HalUARTPoll（）作串口轮询处理。

函数 HalUARTPoll（）的定义为 hal_uart.c 文件中的第 265 行～第 276 行，其代码如下：

```
void HalUARTPoll（void）
{
#if HAL_UART_DMA
  HalUARTPollDMA（）;
#endif
#if HAL_UART_ISR
  HalUARTPollISR（）;
#endif
#if HAL_UART_USB
  HalUARTPollUSB（）;
#endif
}
```

在 ZStack 中，符号 HAL_UART_DMA、HAL_UART_ISR 和 HAL_UART_USB 是 3 个互斥的符号，这 3 个符号不会出现 2 个或者 3 个符号都被定义的情况。串口用 DMA 方式处理时，系统中定义了符号 HAL_UART_DMA，其他 2 个符号没有定义。调用 HalUARTPoll（）函数时，实际上是调用 HalUARTPollDMA（）函数。

函数 HalUARTPollDMA（）的定义位于_hal_uart_dma.c 文件的第 594 行～第 714 行。其简化后的代码如下：

```
static void HalUARTPollDMA（void）             //594
{                                              //595
  uint16 cnt = 0;                              //596 定义计数器，并初始化为 0
  uint8 evt = 0;                               //597 定义串口事件，并初始化为 0
//598-709 行：设置串口事件、从串口中读取数据、将缓冲区中的数据发送出去
  if （evt && （dmaCfg.uartCB != NULL））       //710
  {                                            //711
    dmaCfg.uartCB（HAL_UART_DMA-1, evt）;      //712
  }                                            //713
}                                              //714
```

第 710 行的功能是，对串口事件、串口回调函数的设置情况进行判断，若有串口事件发生且设置了串口回调函数，则执行第 712 行语句。

语句中，evt 是函数中定义的串口事件变量，当 DMA 的接收缓冲区满、一批数据接收完毕（接收数据的间歇时间超时）时，该变量的值将被设置成非 0。"dmaCfg.uartCB != NULL"的作用是判断回调函数指针变量是否非空。

第 712 行的功能是用回调函数指针变量调用串口回调函数。

语句中，HAL_UART_DMA 是 hal_board_cfg.h 文件中定义的符号，若在 IAR 中定义了

符号 HAL_UART，则 HAL_UART_DMA 其值为 1 或者 2，在默认状态下，其值为 1。有关 HAL_UART_DMA 的取值问题，我们将在实践拓展中再作详细分析。

前面已经分析过，HalUARTOpenDMA()函数执行后，函数指针变量 dmaCfg.uartCB=rxCB，所以第 712 行代码等价于"rxCB（HAL_UART_DMA-1, evt）;"，即等价于"rxCB（0, evt）;"，也就是说，第 712 行代码等价于调用串口回调函数对串口 0 所接收到的数据进行处理。

从上面分析可以看出：①若无串口事件发生，则 rxCB() 函数是不会执行的。②在 Coordinator.c 文件的第 48 行代码中，若将 uartConfig.callBackFunc 的值设置成 NULL，则即使有串口事件发生，则串口回调函数也不会执行。

实践拓展

查看 ZStack 中串口的配置代码

在 ZStack 中，HAL\Target\CC2530EB\Config 组中的 hal_board_cfg.h 文件用来定义 ZigBee 模块上默认的外设和 CC2530 单片机的功能部件，包括电路板上的按键、LED 灯、LCD 显示器、CC2530 单片机的 ADC 口、DMA 控制器、串口等。在使用 ZigBee 模块时需要根据实际所使用的硬件资源情况对 hal_board_cfg.h 文件进行适当的修改或配置。例如，ZigBee 模块中使用了 LED 指示灯，我们就需要查看 hal_board_cfg.h 文件中关于 LED 的配置情况，需要先读懂这些配置代码，然后修改其默认的配置。下面以查看 ZStack 中串口配置代码为例，我们一起分析 ZStack 中串口的配置的代码，并介绍配置串口的方法。

（1）DMA 的配置

DMA 的配置代码位于 hal_board_cfg.h 文件的第 415 行～第 417 行。其代码如下：

```
#ifndef HAL_DMA                           //415 若没有定义符号 HAL_DMA
#define HAL_DMA TRUE                      //416 定义符号 HAL_DMA，其值为 TRUE
#endif                                    //417
```

由此可见，如果在 IAR 中没有定义符号 HAL_DMA，hal_board_cfg.h 文件就会定义符号 HAL_DMA，并将其值定义为 TRUE。所以默认状态下，系统中使用了 DMA 控制器。

（2）串口的配置

串口的配置代码位于 hal_board_cfg.h 文件的第 452 行～第 497 行。其中第 452 行～第 458 行代码如下：

```
#ifndef HAL_UART                                                              //452
  #if (defined ZAPP_P1) || (defined ZAPP_P2) || (defined ZTOOL_P1) || (defined ZTOOL_P2)
                                                                              //453
```

```
                #define HAL_UART TRUE                          //454
            #else
                #define HAL_UART FALSE                         //455
                                                               //456
            #endif                                             //457
    #endif                                                     //458
```

这一部分代码的含义是，若没有定义符号 HAL_UART，则检查是否定义了符号 ZAPP_P1、ZAPP_P2、ZTOOL_P1 或者 ZTOOL_P2，如果定义了这 4 个符号中的某一个符号，hal_board_cfg.h 文件中就会定义符号 HAL_UART，并将其值定义为 TRUE，即在 ZStack 中就可以使用单片机的串口（参考项目 3 中的实践）。如果已经定义了符号 HAL_UART，则不改变用户所定义的 HAL_UART 的值。因此，如果要使用串口，我们只需在 IAR 中定义 ZAPP_P1、ZAPP_P2、ZTOOL_P1、ZTOOL_P2 这 4 个符号中某一个符号即可。

第 460 行~第 497 行的主要功能是，配置串口 DMA 方式、中断方式的具体参数。具体代码如下：

```
#if HAL_UART                                                   //460
    //串口的 DMA 方式配置
    #ifndef HAL_UART_DMA                                       //461 检查 IAR 中是否定义了符号 HAL_UART_DMA
        #if HAL_DMA                                            //462
            #if （defined ZAPP_P2） || （defined ZTOOL_P2）     //463
                #define HAL_UART_DMA  2                        //464
            #else
                #define HAL_UART_DMA  1                        //465
                                                               //466
            #endif                                             //467
        #else                                                  //468
            #define HAL_UART_DMA  0                            //469
                                                               //470
        #endif                                                 //471
    #endif

    //串口的中断方式配置
    #ifndef HAL_UART_ISR                                       //473
        //没定义符号 HAL_UART_ISR 的配置
        #if HAL_UART_DMA                                       //474 默认使用 DMA 方式，而不是中断方式
            #define HAL_UART_ISR  0                            //475
        #elif （defined ZAPP_P2） || （defined ZTOOL_P2）      //476
            #define HAL_UART_ISR  2                            //477
        #else                                                  //478
            #define HAL_UART_ISR  1                            //479
                                                               //480
        #endif                                                 //481
```

```
//配置检查，若串口同时配置成 DMA 方式和中断方式，则输出错误提示
#if （HAL_UART_DMA &&  （HAL_UART_DMA == HAL_UART_ISR））  //483
    #error HAL_UART_DMA & HAL_UART_ISR must be different.      //484
#endif                                                          //485

//设置 P2 的优先级
#if （（HAL_UART_DMA == 1） || （HAL_UART_ISR == 1））  //489
    #define HAL_UART_PRIPO      0x00                  //489
#else                                                  //490
    #define HAL_UART_PRIPO      0x40                  //491
#endif                                                 //492


#else                                    //494
//HAL_UART 为 FLASE 的配置
    #define HAL_UART_DMA    0            //495
    #define HAL_UART_ISR    0            //496
#endif                                    //497
```

第 461 行～第 471 行：串口的 DMA 方式配置，其实质是定义符号 HAL_UART_DMA 的值。如果 IAR 中没有定义符号 HAL_UART_DMA，则在 hal_board_cfg.h 文件中就会根据用户定义的 HAL_DMA、ZAPP_P1、ZTOOL_P1 或者 ZAPP_P2、ZTOOL_P2 符号来设置 HAL_UART_DMA 的值，它们之间的关系如表 4-1 所示。

表 4-1 HAL_UART_DMA 的定义

IAR 中定义的符号			HAL_UART_DMA 的值
HAL_DMA	ZAPP_P1/ZTOOL_P1	ZAPP_P2/ZTOOL_P2	
HAL_DMA=FLASE	×	×	0
无	ZAPP_P1 或 ZTOOL_P1	无	1
无	×	ZAPP_P2 或 ZTOOL_P2	2

第 473 行～第 481 行：串口的中断方式配置，其实质是定义符号 HAL_UART_ISR 的值。如果 IAR 中没有定义符号 HAL_UART_ISR，则在 hal_board_cfg.h 文件中就会根据用户定义的 HAL_DMA、ZAPP_P1、ZTOOL_P1 或者 ZAPP_P2、ZTOOL_P2 符号来设置 HAL_UART_ISR 的值，它们之间的关系如表 4-2 所示。

表 4-2 HAL_UART_ISR 的定义

IAR 中定义的符号			HAL_UART_DMA	HAL_UART_ISR
HAL_DMA	ZAPP_P1/ZTOOL_P1	ZAPP_P2/ZTOOL_P2		
HAL_DMA=FLASE	ZAPP_P1 或 ZTOOL_P1	无	0	1
	×	ZAPP_P2 或 ZTOOL_P2		2

续表

IAR 中定义的符号			HAL_UART_DMA	HAL_UART_ISR
HAL_DMA	ZAPP_P1/ZTOOL_P1	ZAPP_P2/ZTOOL_P2		
无	ZAPP_P1 或 ZTOOL_P1	无	1	0
无	×	ZAPP_P2 或 ZTOOL_P2	2	

第 483 行～第 485 行：配置检查，若串口同时配置成 DMA 方式和中断方式，则输出错误提示。

第 489 行～第 492 行：优先级设置。

第 495 行～第 497 行：IAR 中无 ZAPP_P1、ZTOOL_P1、ZAPP_P2、ZTOOL_P2 符号定义时的配置。此时 HAL_UART_DMA=0 且 HAL_UART_ISR=0，即关闭串口。

(3) 串口的 USB 方式配置

USB 方式的配置代码位于 hal_board_cfg.h 文件的第 500 行。其配置代码如下：

```
#define HAL_UART_USB   0                               //500
```

也就是说，ZStack 中串口并不采用 USB 方式。

(4) 串口配置的相关符号

在 hal_board_cfg.h 文件中，与串口相关的配置符号共 9 个，分别为 HAL_DMA、ZAPP_P1、ZTOOL_P1、ZAPP_P2、ZTOOL_P2、HAL_UART、HAL_UART_DMA、HAL_UART_ISR、HAL_UART_USB。在这 9 个符号中，前 5 个符号为外部配置符号，决定了 HAL_UART、HAL_UART_DMA、HAL_UART_ISR、HAL_UART_USB 符号的值（在 ZStack-CC2530-2.5.1a 中，串口无 USB 方式，HAL_UART_USB 的值为 0，与这 5 个符号无关），这 5 个符号供用户在 IAR 中配置串口之用。后 4 个符号为内部控制符号，用来控制 ZStack 中相关代码的编译和程序的调用，例如 HAL_UART 的值为 FALSE 时，ZStack 编译后不会产生串口初始化代码（参考项目 3），当 HAL_UART_DMA 的值非 0 时，OSAL 进行硬件轮询处理时就会调用 hal_uart_dma.c 文件中的 halUARTPollDMA（）函数进行串口处理（参考图 4-2），当 HAL_UART_ISR 的值非 0 时，OSAL 进行硬件轮询处理时就会调用 hal_uart_isr.c 文件中的 HalUARTPollISR（）函数进行串口处理。IAR 中符号的定义与串口的工作关系如表 4-3 所示。

表 4-3　IAR 中符号的定义与串口的工作关系

IAR 中定义的符号			HAL_UART	HAL_UART_DMA	HAL_UART_ISR	说明
HAL_DMA	ZAPP_P1 或 ZTOOL_P1	ZAPP_P2 或 ZTOOL_P2				
HAL_DMA=FLASE	ZAPP_P1 或 ZTOOL_P1	无	TRUE	0	1	以中断方式使用串口 0
	×	ZAPP_P2 或 ZTOOL_P2			2	以中断方式使用串口 1
无	ZAPP_P1 或 ZTOOL_P1	无	TRUE	1	0	以 DMA 方式使用串口 0
无	×	ZAPP_P2 或 ZTOOL_P2	TRUE	2		以 DMA 方式使用串口 1
无	无	无	FALSE	0	0	串口关闭

从表 4-3 中可以看出，在默认情况下，串口是关闭的，如果要使用串口 0，则只需在 IAR 中定义符号 ZAPP_P1 或 ZTOOL_P1，如果要使用串口 1，则只需在 IAR 中定义符号 ZAPP_P2 或 ZTOOL_P2。

实践总结

用回调函数处理串口接收数据的方法是，先在节点应用程序中定义回调函数，回调函数的一般形式是"static void fn（uint8 port,uint8 event）"。回调函数的内容是，先用 halUARTRead（）函数从串口缓冲区中读取串口所接收到的数据，再对所读取的数据进行解析处理。然后是在应用初始化程序中定义一个 halUARTCfg_t 型的结构体变量 uartConfig，并将回调函数的指针赋给函数指针变量 uartConfig.callBackFunc，再用 HalUARTOpen（）函数将 uartConfig.callBackFunc 中的回调函数指针传递给底层硬件处理函数中的函数指针变量。

回调函数是函数指针的一种应用，其原理是，在应用层中定义回调函数，并在应用初始化中将回调函数的指针传递给底层程序中某个函数指针变量 pf，在底层程序中通过函数指针变量 pf 来调用它所指向的函数。采用函数指针变量来调用应用层中的函数，可以实现程序的模块化。

hal_board_cfg.h 文件是 ZStack 的设备配置文件，该文件可以根据用户定义的符号来设置或者定义一些控制程序编译的符号，在使用 ZigBee 模块时，需要先读懂该文件中相关功能部件的配置代码，并对其进行适当的修改。如果要使用串口 0，则只需在 IAR 中定义符号 ZAPP_P1 或 ZTOOL_P1，如果要使用串口 1，则只需在 IAR 中定义符号 ZAPP_P2 或 ZTOOL_P2。

习题

1. 比较2个存储区的内容的函数是_____。
2. 计算字符串长度的函数是_____。
3. 将用户缓冲区的内容设置成指定值的函数是_____。
4. 比较数组buf1[]与buf2[]的前20个字节的内容是否相同,如果相同,则将数组buf1[]的前20个字节的内容设置成0xff,否则将其前20字节的内容设置成0x00。请编程实现上述功能。
5. 串口1不采用流控制,波特率为9600bps,串口接收数据采用回调函数处理,回调函数的函数名为rxCB,请写出串口1初始化函数。
6. ZigBee模块用串口0接收计算机发送来的数据,并将所接收到的数据再发送至计算机中显示,请编写串口接收数据处理的回调函数rxCB( )。
7. 简述ZStack中回调函数的实现原理。
8. 简述用回调函数处理串口接收数据的实现方法。

项目 5　用计算机控制终端节点上的 LED

任务要求

用 2 个 ZigBee 模块组建一个无线网络，模块 A 作协调器，模块 B 终端节点。计算机通过串口向协调器发送串口控制命令，串行通信的波特率为 115200bps。协调器接收到计算机发送来的命令后对命令进行解析，然后转换成网络中的控制命令，并以广播的方式发送至网络中的节点，控制终端节点上的 LED1 的点亮、熄灭和闪烁。计算机发送的串口命令和协调器发送的控制命令如表 5-1 所示。

表 5-1　串口命令和网络中的控制命令

计算机的串口命令	网络中的控制命令	含义
'a'	'1'	终端节点上的 LED1 点亮
'b'	'2'	终端节点上的 LED1 熄灭
'c'	'3'	终端节点上的 LED1 闪烁
其他	无效	无效

相关知识

1. 数据包与消息

数据包与消息是 2 个不同的概念。数据包是网络通信中数据的传输单位，一个数据包通常包含所要传输的净数据、地址信息和一些附加的控制信息等。例如，A 节点向 B 节点发送字符"LED"，字符"LED"就是所要发送的净数据，净数据从 A 节点到达 B 节点可能会经过许多中间节点，为了保证净数据能可靠地传送到 B 节点，就需要在数据传输中除了传输净数据外，还要传送数据的源地址、目的地址等附加数据，这些数据的集合就是数据包。

网络中的数据传输类似于日常生活中的快件传送，数据包相当于一份快件，净数据相当于我们要快递的物品，数据的地址相当于快件中收发人的地址、电话号码，其他附加数据相当于快件的包装盒、防护泡沫等。为了将物品传送到目的地，我们在传送物品时需要传送许多附加物品，所有这些物品就组成了一个快件。同样地，在网络中为了传送净数据，我们需要同时传送发收送方的地址、数据的长度等许多附加数据，所有这些数据就构成了一个数据包。

消息是数据与事件的集合。在 ZigBee 网络中，一个事件的发生通常会伴随着一定量的数据的产生，例如，天线接收到数据这个事件就伴随着无线数据的产生。在进行任务事件处理时，通常是对伴随事件所产生的数据进行处理。也就是说，事件和数据是紧密地联系在一起的，为了方便程序的处理，ZStack 就将事件和伴随事件所产生的数据封装在一起而形成一个新的数据，这个新数据就是消息。

在 ZStack 中，当节点接收一个数据包后，就会对数据包进行分析处理，如果数据包是发往其他节点的，节点就会将此数据包转发出去。如果数据包是发送给本节点的，就会从数据包中提取所需要的信息，再将这些有用的信息与事件的编码组合在一起并封装成一个消息，然后存入消息队列中，供应用程序处理。上述处理过程是由 ZStack 完成的，对于应用开发而言，我们只需了解其基本原理，不必深究其实现的过程。

消息数据比较复杂。在 ZStack 中，消息数据是用一个 afIncomingMSGPacket_t 型的结构体表示的。afIncomingMSGPacket_t 类型的定义位于 Profile 组的 AF.h 文件中，其定义如下：

```
typedef struct
{
    osal_event_hdr_t hdr;       //OSAL 消息头
    uint16 groupId;              //消息的组 ID 号，不设置时为 0
    uint16 clusterId;            //消息的簇 ID 号
    afAddrType_t srcAddr;        //源地址类型
    uint16 macDestAddr;          //目的地的 MAC 地址
    uint8 endPoint;              //目的地的端口
    uint8 wasBroadcast;          //是否为广播
    uint8 LinkQuality;           //接收数据帧的链路质量
    uint8 correlation;           //接收数据帧的相关原始值
    int8  rssi;                  //接收的射频功率
    uint8 SecurityUse;           //弃用
    uint32 timestamp;            //接收时间标记
    uint8 nwkSeqNum;             //报文头的帧序列号
    afMSGCommandFormat_t cmd;    //应用数据
} afIncomingMSGPacket_t;
```

其中，osal_event_hdr_t 是 OSAL.h 文件中定义的结构体，其定义如下：

```
typedef struct
{
    uint8   event;               //事件编码
```

```
    uint8    status;           //节点的状态
} osal_event_hdr_t;
```

afAddrType_t 是 AF.h 文件中定义的结构体，其定义如下：

```
typedef struct
{
  union
  {
    uint16            shortAddr;//节点的短地址（网络地址）
    ZLongAddr_t extAddr;   //节点的扩展地址（MAC 地址）
  } addr;
  afAddrMode_t addrMode;  //数据通信的类型（单播、组播、广播）
  uint8 endPoint;         //数据的端口号
  uint16 panId;           //网络 ID 号
} afAddrType_t;
```

afMSGCommandFormat_t 是 AF.h 文件中定义的结构体，其定义如下：

```
typedef struct
{
  uint8    TransSeqNumber;//数据传输的序列号
  uint16   DataLength;    //本序列中应用数据的长度，单位：字节
  uint8    *Data;         //应用数据存放的地址
} afMSGCommandFormat_t;
```

由此可见，消息数据（afIncomingMSGPacket_t 型数据）中除了包含应用数据外，还包含了许多信息，如消息的事件编码，等等。在实际应用中，比较常用的是消息中的事件编码、消息中的应用数据、节点状态、发送消息簇 ID 号等。

设变量 pkt 是一个 afIncomingMSGPacket_t 型指针变量，当 pkt 指向某个消息后，则消息中的常用的信息如下。

- pkt ->hdr.event：消息中的事件编码
- pkt->hdr.status：节点的状态
- pkt->clusterId：发送消息的簇 ID 号
- pkt->cmd.DataLength：消息中应用数据的长度
- pkt->cmd.Data：消息中应用数据存放的首地址

2. 数据通信的 3 种方式

在 ZigBee 网络中，数据通信有广播（Broadcast）、组播（Multicast）和单播（Unicast）3 种方式。

广播的特点是，一个节点在网络中发送数据包，网络中其他节点都可以接收到此数据包。广播通信类似于我们在教室里上课，老师讲课，教室内所有学生都可以听到老师所讲的内容。

组播的特点是，一个节点在网络中发送数据包，网络中只有与该节点处于同一组的节点才能收到此数据包，网络中其他节则接收不到此数据包。组播通信类似于小组讨论，只有小组中的成员才能听得到小组内的发言。

单播的特点是，一个节点在网络中发送数据包，网络中只有指定的节点才能收到该数据包，其他节点则收不到此数据包。单播通信类似于日常生活中的电话通信，只有指定人才能接听得到我们所拨出的电话。

3. 设备的地址

在 ZigBee 网络中，设备的地址有 MAC 地址和逻辑地址 2 种。

MAC 地址也叫扩展地址（Extended Address），用 64 位二进制数表示。MAC 地址是全球唯一的地址，由设备制造厂商定义并封装在设备内部。设备的 MAC 地址也叫 64-bit 的 IEEE 地址。

逻辑地址也叫短地址（Short Address），用 16 位的二进制数表示，逻辑地址只是在同一个网络中唯一，不同网络中的设备其逻辑地址可以相同。设备的逻辑地址用来标志网络中的不同设备，它是在设备加入网络时，由协调器和路由器按照一定算法计算得到并分配到网络的设备中。ZigBee 网络中所使用的网络地址就是逻辑地址，所以在 ZigBee 网络中常把逻辑地址称为网络地址。

在网络的逻辑地址中，有 5 个地址比较特殊，它们代表的是一类设备或者某个特定设备。特殊的网络地址如表 5-2 所示。

表 5-2 特殊的网络地址

网络地址	含义
0x0000	协调器的地址。向 0x0000 地址发送数据，数据发往协调器
0xfffc	网络中所有路由器。向 0xfffc 地址发送数据，则所有路由器都可接收到此数据，但终端节点接收不到此数据
0xfffd	未处于休眠状态的节点。向 0xfffd 地址发送数据，则处于休眠状态的节点接收不到此数据，其他节点都可以接收到此数据
0xfffe	使用绑定表进行数据通信。向 0xfffe 地址发送数据，则应用层将不指定目标设备，而是通过协议栈读取绑定表来获得相应目标设备的短地址，数据发往绑定表中所绑定的设备
0xffff	广播地址。向 0xffff 地址发送数据，则网络中所有节点，包括处于休眠状态的节点，都可以接收到此数据

4. AF_DataRequest（ ）函数

AF_DataRequest（ ）函数的定义位于 Profile 组的 AF.c 文件中，其原型说明如下：

afStatus_t AF_DataRequest（ afAddrType_t *dstAddr, endPointDesc_t *srcEP,
　　　　　　　　uint16 cID, uint16 len, uint8 *buf, uint8 *transID,

uint8 options, uint8 radius);

该函数的功能是，按指定的参数发送若干字节的数据，该函数中共有 8 个参数，各参数的含义如下。

① dstAddr：目的地址指针。该参数是一个指向 afAddrType_t 型的指针，其中，afAddrType_t 是 AF.h 文件中定义的结构体类型，其定义如下：

```
typedef struct
{
  union
  {
    uint16      shortAddr;//节点的短地址（网络地址）
    ZLongAddr_t extAddr;  //节点的扩展地址（MAC 地址）
  } addr;
  afAddrMode_t addrMode; //地址模式（单播、组播、广播）
  uint8 endPoint;        //数据的端口号
  uint16 panId;          //网络 ID 号
} afAddrType_t;
```

在 afAddrType_t 结构体类型中，addrMode 成员的类型为 afAddrMode_t 枚举型，其取值如表 5-3 所示。

表 5-3 addrMode 成员的取值

符号	值	描述
AddrNotPresent	0	通过绑定关系指定目的地址
AddrGroup	1	组播发送
Addr16Bit	2	单播发送
Addr64Bit	3	采用 MAC 地址发送
AddrBroadcast	15	广播发送

使用 AF_DataRequest（）函数发送数据时，在 dstAddr 参数中，panId 成员的值一般不用设置，addr 成员的值需要根据 addrMode 成员的取值来确定。addr 成员的取值如表 5-4 所示。

表 5-4 addr 成员的取值

addrMode 成员	addr 成员	
	shortAddr	extAddr
AddrNotPresent	0xFFFE	不设置
AddrGroup	组 ID 号	不设置
Addr16Bit	目的节点的网络地址	不设置
Addr64Bit	不设置	目的节点的 MAC 地址
AddrBroadcast	0xfffc、0xfffd、0xffff	不设置

② srcEP：发送节点的端口描述符指针。该参数是一个指向 endPointDesc_t 型的指针，其中，endPointDesc_t 是 AF.h 文件中定义的结构体类型，其定义如下：

```
typedef struct
{
    byte endPoint;                              //端口号
    byte *task_id;                              //指向应用任务号的指针
    SimpleDescriptionFormat_t *simpleDesc;      //指向简单的端口描述变量的指针
    afNetworkLatencyReq_t latencyReq;           //端口的延迟响应
} endPointDesc_t;
```

③ cID：发送的簇 ID 号。

④ len：发送数据的长度，即 buf 缓冲区的字节数。

⑤ buf：发送数据缓冲区的指针。

⑥ transID：传输序列号的指针。该参数是函数的输出值，若发送成功，则序列号加 1。

⑦ options：发送选项，其常用的选项值如表 5-5 所示。

表 5-5 数据发送常用选项

名称	值	描述
AF_PREPROCESS	0x04	强制 APS 进行回调预处理
AF_ACK_REQUEST	0x10	要求接收方作应答回复，仅用于单播中
AF_DISCV_ROUTE	0x20	路由请求发送，应始终包在内
AF_SKIP_ROUTING	0x80	跳过路由并尝试直接发送信息（不多跳），终端节点不会将信息发送到其首个父节点，此选项有益于单播和广播数据

⑧ radius：最大传输半径（发送的跳数），一般设置为 AF_DEFAULT_RADIUS。

函数的返回值为数据发送的结果，若发送成功，则返回 ZSuccess。

例如，用广播方式将数组 buf[] 中的数据发送出去的程序如下：

```
uint8 SampleApp_TransID;                        //全局变量：传输 ID
endPointDesc_t SampleApp_epDesc;                //全局变量：应用端口
...
/***********************************************************************
                    发送数据函数
uint8 len:发送数据的长度
uint8 *buf:指向发送数据缓冲的指针
***********************************************************************/
void SampleApp_SendMessage ( uint8 len,uint8 *buf )
{
    afAddrType_t  my_DstAddr;                                   //1 目的地址
    my_DstAddr.addrMode =（afAddrMode_t）AddrBroadcast;//2 传输类型:广播
    my_DstAddr.endPoint = SAMPLEAPP_ENDPOINT;                   //3 目的地的端口
    my_DstAddr.addr.shortAddr =0xFFFF;                          //4 目的地的网络地址:全网络

    AF_DataRequest（ &my_DstAddr,                               //5 目的地址指针
                    &SampleApp_epDesc,                          //6 发送节点的端点描述符指针
```

```
                        SAMPLEAPP_PERIODIC_CLUSTERID,    //7  发送的簇 ID
                        len,                              //8  发送数据的长度
                        （uint8*）buf,                    //9  发送数据缓冲区的地址
                        &SampleApp_TransID,               //10 传输序列号
                        AF_DISCV_ROUTE,                   //11 发送选项：路由请求发送
                        AF_DEFAULT_RADIUS ）;             //12 最大传输半径
}
```

如果将第 2 行中的 AddrBroadcast 改为 Addr16Bit，再将第 4 行中的短地址设为目的地的目的节点的网络地址（例如，协调器的地址为 0x0000），上述程序就变成了向指定节点单播发送数据程序。

实现方法与步骤

项目 5 涉及协调器和终端节点 2 个节点，需要将这 2 个节点组建成一个 ZigBee 网络，所需编写或修改的程序文件有 Coordinator.c、OSAL_SampleApp.c、Coordinator.h、EndDevice.c 4 个程序文件，其中 Coordinator.c 是协调器的程序文件，EndDevice.c 是终端节点的程序文件，Coordinator.h 既是 Coordinator.c 文件的接口文件，也是 EndDevice.c 文件的接口文件，为协调器和终端节点所共有，OSAL_SampleApp.c 供用户定义事件处理函数表、任务事件表和任务数之用，是 OSAL 的一部分，为协调器和终端节点所共有。在这 4 个程序文件中，OSAL_SampleApp.c、Coordinator.h 的内容与项目 3 中的 OSAL_SampleApp.c、Coordinator.h 的内容完全相同（在后续项目中，这 2 个文件的内容也无变化，我们不再提及这 2 个文件）。本例的操作步骤与项目 3 中的操作步骤基本相同，也是先编写程序，然后对程序进行编译，再下载到节点中运行。所不同的是，需要将协调器的程序和终端节点的程序分开编译连接，然后将连接生成的文件分别下载至协调器和终端节点中。为了节省篇幅，我们只介绍 Coordinator.c 文件、EndDevice.c 文件中的程序代码以及操作步骤中不相同的部分，对于那些相同的部分我们就不再介绍，请读者参考前面的内容自行完成。

1. 编制协调器的程序文件

编制 Coordinator.c 文件的操作包括新建 Coordinator.c 文件、从 SampleApp.c 中复制代码、对所复制的代码进行修改等几步。这些步骤与项目 2 中的操作步骤相同，在此不再赘述。Coordinator.c 文件中事件处理的流程如图 5-1 所示。Coordinator.c 文件的内容如下（其中，黑体部分是相对项目 2 中的协调器程序所添加或修改部分，文件中的各符号的含义与项目 2 中各文件中的符号含义相同）：

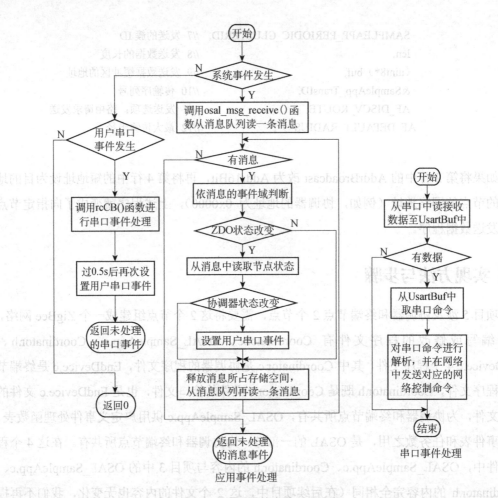

图 5-1 协调器的事件处理流程

```
1    /*************************************************************
2                  项目5 用计算机控制终端节点上的 LED
3                       协调器程序（Coordinator.c）
4    *************************************************************/
5    #include "OSAL.h"                              //59
6    #include "ZGlobals.h"                          //60
7    #include "AF.h"                                //61
8    #include "ZDApp.h"                             //63
9    #include "Coordinator.h"                       //65 改
10   #include "OnBoard.h"                           //68
11   #include "hal_led.h"                           //72
12
13   #define USER_UART_EVT 0x0001    //加 用户事件:串口接收数据
14   //簇列表
15   const cId_t SampleApp_ClusterList[SAMPLEAPP_MAX_CLUSTERS] =//92
16   {                                              //93
17       SAMPLEAPP_PERIODIC_CLUSTERID,              //94
```

```
18      };
19    //简单端口描述
20    const SimpleDescriptionFormat_t SampleApp_SimpleDesc =//98
21    {                                                      //99
22      SAMPLEAPP_ENDPOINT,              //100   端口号
23      SAMPLEAPP_PROFID,                //101   应用规范 ID
24      SAMPLEAPP_DEVICEID,              //102   应用设备 ID
25      SAMPLEAPP_DEVICE_VERSION,        //103   应用设备版本号（4bit）
26      SAMPLEAPP_FLAGS,                 //104   应用设备标志（4bit）
27      0,                                //105   输入簇命令个数
28      (cId_t *) NULL,                  //106   输入簇列表的地址
29      SAMPLEAPP_MAX_CLUSTERS,          //107   输出簇命令个数
30      (cId_t*) SampleApp_ClusterList,  //108   输出簇列表的地址
31    };                                 //109
32
33    endPointDesc_t SampleApp_epDesc;   //115   应用端口
34    uint8 SampleApp_TaskID;            //128   应用程序中的任务 ID 号
35    devStates_t SampleApp_NwkState;    //131   网络状态
36    uint8 SampleApp_TransID;           //133   传输 ID
37
38    //void SampleApp_MessageMSGCB（afIncomingMSGPacket_t *pckt）;//147
39    void SampleApp_SendMessage（uint8 len,uint8 *buf）;//148 改
40    static void rxCB（void）;                          //加 串口接收数据处理
41    /*****************************************************************
42                    应用程序初始化函数
43    *****************************************************************/
44    void SampleApp_Init（uint8 task_id）    //173
45    {                                        //174
46      halUARTCfg_t  UartConfig;   //加 定义串口配置变量
47      SampleApp_TaskID = task_id;            //175 应用任务（全局变量）初始化
48      SampleApp_NwkState = DEV_INIT;         //176 网络状态初始化:无连接
49      SampleApp_TransID = 0;                 //177 传输 ID 号初始化
50
51      // 应用端口初始化
52      SampleApp_epDesc.endPoint = SAMPLEAPP_ENDPOINT;//213 端口号
53      SampleApp_epDesc.task_id = &SampleApp_TaskID;   //214 任务号
54      SampleApp_epDesc.simpleDesc                     //215 端口的其他描述
55            =（SimpleDescriptionFormat_t *）&SampleApp_SimpleDesc;//216
56      SampleApp_epDesc.latencyReq = noLatencyReqs;   //217 端口的延迟响应
57      afRegister（&SampleApp_epDesc）;                //220 端口注册
58    //串口配置
59      UartConfig.configured = TRUE;                   //加
60      UartConfig.baudRate = HAL_UART_BR_115200;       //加 波特率为 115200
61      UartConfig.flowControl = FALSE;                 //加 不进行流控制
```

```
62          UartConfig.callBackFunc = NULL;                    //加 无回调函数
63          HalUARTOpen（0,&UartConfig）;                      //加 按所设定参数初始化串口0
64      }                                                      //233
65  /***************************************************************
66                          任务事件处理函数
67  ***************************************************************/
68  uint16 SampleApp_ProcessEvent（ uint8 task_id, uint16 events ） //248
69  {                                                          //249
70      afIncomingMSGPacket_t *MSGpkt;                         //250 定义指向接收消息的指针
71      （void）task_id;                                        //251 未引参数 task_id
72      if （ events & SYS_EVENT_MSG ）                        //253 判断是否为系统事件
73      {                                                      //254
74          MSGpkt = (afIncomingMSGPacket_t *) osal_msg_receive( SampleApp_TaskID );
                                                               //255   从消息队列中取消息
75          while （ MSGpkt ）                                  //256 有消息?
76          {                                                  //257
77              switch （ MSGpkt->hdr.event ）                  //258 判断消息中的事件域
78              {                                              //259
79              case ZDO_STATE_CHANGE:                         //271 ZDO 的状态变化事件
80                  SampleApp_NwkState = （devStates_t）(MSGpkt->hdr.status);//272  读设备状态
81                  if （ SampleApp_NwkState == DEV_ZB_COORD ） //273 改 若为协调器
82                  {                                          //276
83                      osal_set_event(SampleApp_TaskID,USER_UART_EVT);//加
84                  }                                          //281
85                  break;                                     //286
86              //在此处可添加系统事件的其他子事件处理
87              default:                                       //288
88                  break;                                     //289
89              }                                              //290
90              osal_msg_deallocate（ (uint8 *) MSGpkt ）;//293 释放消息所占存储空间
91              MSGpkt = ( afIncomingMSGPacket_t * ) osal_msg_receive
            ( SampleApp_TaskID );//296 再从消息队列中取消息
92          }                                                  //297
93          return （events ^ SYS_EVENT_MSG）;                  //300 返回未处理的事件
94      }                                                      //301
95      //用户事件处理
96      if （ events & USER_UART_EVT ）                        //305 改
97      {                                                      //306
98          rxCB（）;                                           //加 串口接收数据处理
99          // 再次触发用户事件
100         osal_start_timerEx（ SampleApp_TaskID, USER_UART_EVT,//311 过0.5s后再设置事件
101             500 ）;                                         //312 改
```

```
102         return （events ^ USER_UART_EVT）；        //315 改 返回未处理完毕的事件
103     }                                              //316
104     return 0;                                      //319 丢弃未知事件
105 }                                                  //320
106 /************************************************************************
107                     发送消息函数
108 uint8 len:发送数据的长度
109 uint8 *buf:指向发送数据缓冲的指针
110 ************************************************************************/
111 void SampleApp_SendMessage（ uint8 len,uint8*buf ）//412 改
112 {                                                  //413
113     afAddrType_t  my_DstAddr;                      //加 定义变量 my_DstAddr（目的地址）
114     my_DstAddr.addrMode =（afAddrMode_t）AddrBroadcast;//加 传输类型:广播
115     my_DstAddr.endPoint = SAMPLEAPP_ENDPOINT;//加 目的地的端口
116     my_DstAddr.addr.shortAddr =0xFFFF;             //加   目的地的网络地址:全网络
117
118     AF_DataRequest（ &my_DstAddr,                  //414 改
119                      &SampleApp_epDesc,            //414 改
120                      SAMPLEAPP_PERIODIC_CLUSTERID, //415
121                      len,                          //416 改
122                      （uint8*）buf,                //417 改
123                      &SampleApp_TransID,           //418
124                      AF_DISCV_ROUTE,               //419
125                      AF_DEFAULT_RADIUS）;          //420 改
126 }                                                  //427
127 /************************************************************************
128                     串口接收数据处理函数
129 ************************************************************************/
130 static  void  rxCB（void）
131 {
132     uint8 UsartBuf[10];                            //串口缓冲区:存放接收的数据
133     uint16 len;                                    //实际接收数据的长度
134     uint8  UartCmd;                                //计算机发送来的命令
135     len=HalUARTRead（0,UsartBuf,10）;              //从串口中读 10 个数据
136     if（len>0）                                    //判断是否接收到了数据
137     {                                              //
138         HalUARTWrite（0,UsartBuf,len）;            //将接收到的字符回送至计算机中显示
139         osal_memcpy（&UartCmd,UsartBuf, 1）;       //从串口缓冲区中取命令
140         switch（UartCmd）                          //对命令进行判断
141         { case  'a':                               //串口命令为 a
142             SampleApp_SendMessage（1,"1"）;        //天线发送命令 1:LED1 点亮
143             break;                                 //
144           case  'b':                               //串口命令为 b
145             SampleApp_SendMessage（1,"2"）;        //天线发送命令 2:LED1 熄灭
```

```
146         break;
147      case 'c':                              //串口命令为 c
148         SampleApp_SendMessage（1,"3"）;      //加 天线发送命令 3:LED1 闪烁
149         break;                              //
150      }                                      //
151    //  osal_memset（UsartBuf,0,len）;        //将接收数据缓冲区清空
152    }
153  }
```

2. 编制终端节点的程序文件

　　EndDevice.c 文件的样例文件也是 SampleApp.c 文件，EndDevice.c 文件中事件处理流程如图 5-2 所示。EndDevice.c 文件中的内容如下（其中，黑体部分是相对 Coordinator.c 文件所添加或修改部分）：

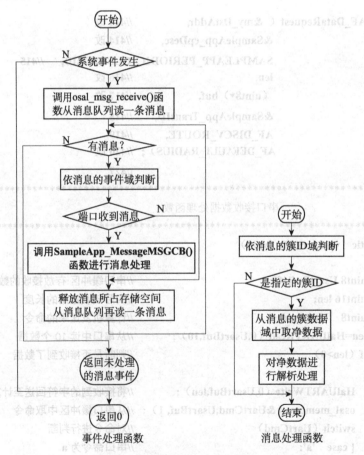

图 5-2　终端节点的事件处理流程

```
1   /*******************************************************************
2                  项目5  用计算机控制终端节点上的LED
3                      终端节点程序（EndDevice.c）
4   *******************************************************************/
5   #include "OSAL.h"                              //59
6   #include "ZGlobals.h"                          //60
7   #include "AF.h"                                //61
8   #include "ZDApp.h"                             //63
9   #include "Coordinator.h"                       //65 改
10  #include "OnBoard.h"                           //68
11  #include "hal_led.h"                           //72
12
13  //#define USER_UART_EVT 0x0001                 //加 用户事件:串口接收数据
14  //簇列表
15  const cId_t SampleApp_ClusterList[SAMPLEAPP_MAX_CLUSTERS] =//92
16  {                                              //93
17      SAMPLEAPP_PERIODIC_CLUSTERID,              //94
18  };                                             //96
19  //简单端口描述
20  const SimpleDescriptionFormat_t SampleApp_SimpleDesc =//98
21  {                                              //99
22      SAMPLEAPP_ENDPOINT,                        //100  端口号
23      SAMPLEAPP_PROFID,                          //101  应用规范ID
24      SAMPLEAPP_DEVICEID,                        //102  应用设备ID
25      SAMPLEAPP_DEVICE_VERSION,                  //103  应用设备版本号（4bit）
26      SAMPLEAPP_FLAGS,                           //104  应用设备标志（4bit）
27      SAMPLEAPP_MAX_CLUSTERS,                    //105  输入簇命令个数
28      (cId_t *) SampleApp_ClusterList,           //106  输入簇列表的地址
29      0,                                         //107  输出簇命令个数
30      (cId_t *) NULL                             //108  输出簇列表的地址
31  };                                             //109
32
33  endPointDesc_t SampleApp_epDesc;               //115 应用端口
34  uint8 SampleApp_TaskID;                        //128 应用程序中的任务ID号
35  devStates_t SampleApp_NwkState;                //131 网络状态
36  uint8 SampleApp_TransID;                       //133 传输ID
37
38  void SampleApp_MessageMSGCB( afIncomingMSGPacket_t *pckt );//147
39  //void SampleApp_SendMessage( uint8 len,uint8 *buf );//148 改
40  //static void rxCB（void）;                     //加 串口接收数据处理
41  /*******************************************************************
42                      应用程序初始化函数
43  *******************************************************************/
44  void SampleApp_Init( uint8 task_id )           //173
```

```c
45      {                                                    //174
46          //  halUARTCfg_t  UartConfig;                    //加 定义串口配置变量
47          SampleApp_TaskID = task_id;                      //175 应用任务（全局变量）初始化
48          SampleApp_NwkState = DEV_INIT;                   //176 网络状态初始化
49          SampleApp_TransID = 0;                           //177 传输ID号初始化
50
51          // 应用端口初始化
52          SampleApp_epDesc.endPoint = SAMPLEAPP_ENDPOINT;//213 端口号
53          SampleApp_epDesc.task_id = &SampleApp_TaskID;   //214 任务号
54          SampleApp_epDesc.simpleDesc                      //215 端口的其他描述
55              = (SimpleDescriptionFormat_t *)&SampleApp_SimpleDesc;//216
56          SampleApp_epDesc.latencyReq = noLatencyReqs;    //217 端口的延迟响应
57          afRegister（ &SampleApp_epDesc ）;              //220 端口注册
58          //串口配置
59          //UartConfig.configured = TRUE;                 //加
60          //UartConfig.baudRate = HAL_UART_BR_115200;     //加 波特率为115200
61          //UartConfig.flowControl = FALSE;               //加 不进行流控制
62          //UartConfig.callBackFunc = NULL;               //加 无回调函数
63          //HalUARTOpen（0,&UartConfig）;                 //加 按所设定参数初始化串口0
64      }
65      /*************************************************************************
66                              任务事件处理函数
67      *************************************************************************/
68      uint16 SampleApp_ProcessEvent（ uint8 task_id, uint16 events ）  //248
69      {                                                                //249
70          afIncomingMSGPacket_t *MSGpkt;                  //250 定义指向接收消息的指针
71          (void) task_id;                                  //251 未引参数 task_id
72          if（ events & SYS_EVENT_MSG ）                   //253 判断是否为系统事件
73          {                                                //254
74              MSGpkt = (afIncomingMSGPacket_t *) osal_msg_receive（ SampleApp_TaskID ）;
                                                             //255 从消息队列中取消息
75              while（ MSGpkt ）                            //256 有消息?
76              {                                            //257
77                  switch（ MSGpkt->hdr.event ）            //258 判断消息中的事件域
78                  {                                        //259
79                      case AF_INCOMING_MSG_CMD:            //266 端口收到消息
80                          SampleApp_MessageMSGCB（ MSGpkt ）; //267
81                          break;                           //268
82
83                  //在此处可添加系统事件的其他子事件处理
84                      default:                             //288
85                          break;                           //289
86                  }                                        //290
87
```

```
88              osal_msg_deallocate（ （uint8 *）MSGpkt ）;//293 释放消息所占存储空间
89
90              MSGpkt = （afIncomingMSGPacket_t *）osal_msg_receive（ SampleApp_TaskID ）;
                                                              //296 再从消息队列中取消息
91          }                                                 //297
92
93          return （events ^ SYS_EVENT_MSG）;                //300 返回未处理的事件
94       }                                                    //301
95       //用户事件处理
96
97       return 0;                                            //319 丢弃未知事件
98    }                                                        //320
99    /********************************************************************
100                       消息处理函数
101    ********************************************************************/
102    void SampleApp_MessageMSGCB（ afIncomingMSGPacket_t*pkt ）//387
103    {                                                        //388
104       uint8 buf;
105       switch（ pkt->clusterId ）                            //391
106       {                                                     //392
107         case SAMPLEAPP_PERIODIC_CLUSTERID:                 //393
108          //用户添加的代码
109          osal_memcpy（&buf,pkt->cmd.Data,1）; //加  从数据包的数据域中复制1
字节数据至 buf 中
110          switch（buf）                          //加   判断 buf 中的值
111          { case '1':                            //加   字符1:点亮 LED1 命令
112              HalLedSet（HAL_LED_1,HAL_LED_MODE_ON）;//加 点亮 LED1
113              break;                             //加
114            case '2':                            //加   字符2:熄灭 LED1 命令
115              HalLedSet（HAL_LED_1,HAL_LED_MODE_OFF）;//加 熄灭 LED1
116              break;                             //加
117            case '3':                            //加   字符3:使 LED1 闪烁命令
118              HalLedBlink（HAL_LED_1,0,50,500）; //加   控制 LED1 闪烁
119              break;                             //加
120          }                                      //加
121          break;                                 //394
122       }                                         //400
123    }                                            //401
```

3. 程序编译与下载运行

本例中有协调器和终端节点 2 种类型的设备，需要将所编写的程序分别编译成协调器程序和终端节点程序，然后分别下载至协调器和终端节点中。其操作步骤如下。

第 1 步：将设备类型设置成协调器。

单击 Workspace 窗口中的下拉列表框，从展开的列表框中选择"CoordinatorEB"列表项，如图 5-3 所示。

第 2 步：设置 EndDevice.c 文件不参与编译。

在 App 组中，EndDevice.c 是终端节点的应用程序文件，并不是协调器的应用程序文件，而且 EndDevice.c 文件中许多函数与 Coordinator.c 文件中的函数同名，不能参与协调器程序的编译，否则，程序编译时就会出错。设置 EndDevice.c 不参与编译的方法如下：

① 右击 App 组中的"EndDevice.c"文件，在弹出的快捷菜单中选择"Options"菜单项，如图 5-4 所示。此时，IAR 窗口中会弹出如图 5-5 所示的"Options for node 'SampleApp'"对话框。

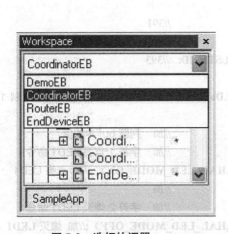
图 5-3　选择协调器

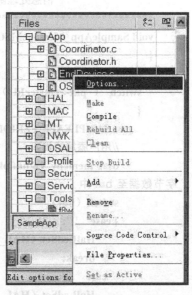
图 5-4　"Options"快捷菜单

② 在"Options for node 'SampleApp'"对话框中勾选"Exclude from build"复选框，如图 5-5 所示，再单击"OK"按钮，这时 EndDevice.c 文件在 IAR 的 Workspace 窗口中呈灰白色状态，表示该文件将不参与当前的程序编译。

第 3 步：参考项目 3 中"程序编译与下载运行"的第 6 步～第 8 步，在 IAR 中添加预处理符号"ZTOOL_P1"，如图 5-6 所示。

【说明】

● 在默认状态下，ZStack 中关闭了串口。若在 IAR 中定义了预处理符号"ZTOOL_P1"，ZStack 将以 DMA 方式使用串口 0（参考表 4-3）。在与本书配套的 ZigBee 模块中，我们使用串口 0 进行串行通信，所以必须在 IAR 中预定义符号"ZTOOL_P1"。

● 在后续的项目中，若节点中使用了串口，则在程序编译之前都需要在 IAR 中预定义符号"ZTOOL_P1"，以后我们不再说明，请读者自行加上。

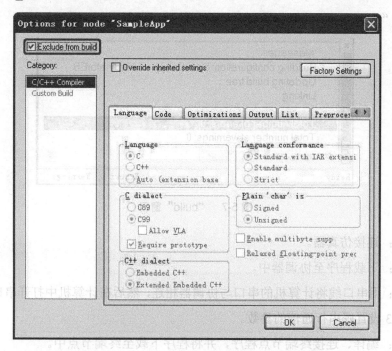

图 5-5 "Options for node 'SampleApp'" 对话框

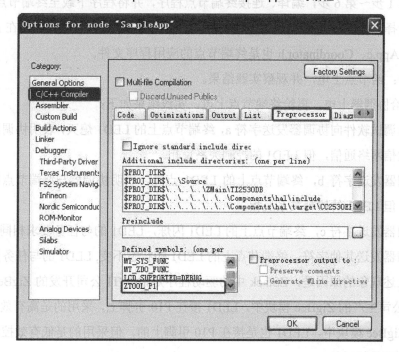

图 5-6 添加预处理符号 ZTOOL_P1

第 4 步：编译、连接。

单击菜单栏上的"Project"→"make"菜单项，IAR 就会对工程中的文件进行编译、连接，并在"build"窗口中显示编译、连接后的结果，如图 5-7 所示。

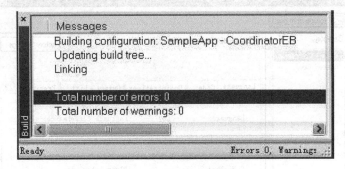

图 5-7 "build" 窗口

第 5 步：连接仿真器。

第 6 步：下载程序至协调器中。

第 7 步：用串口线将计算机的串口与协调器相连，然后在计算机中打开串口调试软件，并参照图 3-3 设置好串行通信的参数。

第 8 步：编译、连接终端节点程序，并将程序下载至终端节点中。

重复第 1 步～第 6 步，编译、连接终端节点程序，并将程序下载至终端节点中。其中，设备类型选择"EndDeviceEB"，编译程序时，Coordinator.c 不参与编译。即在 App 组中，OSALSampApp.c、Coordinator.h 也是终端节点的应用程序文件。

第 9 步：给节点上电，并观察实践结果。

① 先给协调器上电，再给终端节点上电，实践结果如下：

用串口调试软件向协调器发送字符 a，终端节点上的 LED1 熄灭，表明协调器与终端节点能进行通信网络通信，但 LED1 的控制关系反相。

向协调器发送字符 b，终端节点上的 LED1 点亮，表明协调器与终端节点能进行通信网络通信，但 LED1 的控制关系反相。

向协调器发送字符 c，终端节点上的 LED1 闪烁，LED1 的与任务要求相同。

向协调器发送其他字符，终端节点上的 LED1 的状态不变，LED1 的与任务要求相同。

产生上述现象的原因是，ZStack 中的驱动程序是根据 TI 公司开发的 ZigBee 模块编写的。在 TI 公司生产的 ZigBee 模块中，LED1 接在 P10 引脚上，采用的是高有效控制。在我们开发的 ZigBee 模块中，LED1 也是接在 P10 引脚上的，但采用的是低有效控制，两者的控制关系刚好是相反的。

解决问题的方法有 2 种：第一种方法是将 EndDevice.c 文件中第 112 行和 115 行的

HAL_LED_MODE_ON 与 HAL_LED_MODE_OFF 互换。第二种方法是，修改 ZStack 中的硬件配置，使其配置与我们所用的实际电路一致，其具体方法我们将在"实践拓展"部分再作详细介绍。

② 先给协调器上电，再给终端节点上电，在终端节点不断电的条件下，关闭协调器的电源后，再给协调器上电，实践的结果如下：

向协调器发送字符 a、b 或者 c，终端节点上的 LED1 的状态均无变化，表明终端节点接收不到协调器发送来的控制命令，网络通信失败。

产生上述现象的原因是，在本例的组网实践中，我们是按照 ZStack 的默认值组建 ZigBee 网络的。在后面的学习中我们会知道，在 ZStack 中，网络 ID 号（PANID 号）的默认值为 0xffff，此值并不是一个网络 ID 号，而是表示节点建立网络或加入网络的方式。对于协调器而言，若 PANID 值为 0xffff，则协调器上电后会随机选择一个 PANID 值来组建网络，对于终端节点而言，节点上电后会搜寻周围的 ZigBee 网络，并加入到它所认为最优的 ZigBee 网络中。本例中，我们先给协调器上电，再给终端节点上电，终端节点会加入到此时协调器所建立的网络中，协调器断电后再上电，其所建立的网络与先前所建网络并不是同一个网络，所以此时协调器与终端节点处在不同的 ZigBee 网络中，终端节点就接收不到协调器所发送的控制命令了。

解决问题的办法是，在程序中指定节点的网络 ID 号，即指定 PANID 号。有关 PANID 的含义、PANID 的设置方法我们将在项目 6 中再作介绍。

★ 程序分析

1. Coordinator.c 文件中的代码分析

在 Coordinator.c 文件中，多数代码我们在前面的项目中已分析过，在此我们只分析本例中新增加或修改的程序代码。

第 15 行～第 18 行：定义簇列表数组 SampleApp_ClusterList[]。

在 ZStack 中，簇实际上是网络通信中命令的集合，簇 ID 实际上是用户自定义的无线控制命令的编号，簇列表数组用来存放用户自定义的无线控制命令的 ID 号。

本例中的无线控制命令虽然有 3 个，但它们都是控制节点上的某个 LED 灯的状态，可以归并为一类控制命令，为了与前面各项目中的簇列表保持一致，在本例的程序中，我们对所有控制节点上 LED 灯的命令只分配给簇 ID 号，用符号 SAMPLEAPP_PERIODIC_CLUSTERID 表示，其定义位于 Coordinator.h 文件中。然后通过对命令的内容进行判断来实现不同的命令控制 LED 灯的不同状态。因此，簇列表数组中只有 1 个元素，该元素就是控制 LED 灯的命令编号。

如果把控制 LED 灯的每个命令视作一个独立的命令，那么就需要在 Coordinator.h 文件中为每个命令定义一个簇 ID，在此处的簇列表中我们就应该填写 3 个元素的簇 ID，并且还需要对第 111 行的 SampleApp_SendMessage（）函数进行修改。

第 20 行～第 31 行：定义简单的端口描述变量 SampleApp_SimpleDesc。

本例中，协调器要向终端节点发送无线控制命令，不接收其他节点发送来的无线数据，所以协调器无输入簇列表，但有输出簇列表，其输入簇命令个数为 0，输出簇命令的个数为 1。因此，第 27 行中的输入簇命令个数应填上 0，输入簇列表的地址应填上 NULL（空），第 29 行中的输出簇命令个数应填上 Coordinator.h 文件中所定义的簇命令个数 SAMPLEAPP_MAX_CLUSTERS，在第 30 行中要填上簇列表的地址。

在 ZigBee 网络中，数据收发双方的簇命令是对应的，发送方的输出簇命令即为接收方的输入簇命令。

第 39 行：发送消息函数的说明。

第 40 行：串口接收数据处理函数的说明。

第 44 行～第 64 行：应用初始化函数。该函数我们在前面的项目中已进行了分析。

第 68 行～第 105 行：任务事件处理函数。该函数的结构如图 5-2 所示，其代码与前面介绍的任务事件处理函数相同，在此不再重复分析。

第 111 行～第 126 行：发送消息函数。

第 113 行：定义 afAddrType_t 型结构体变量 my_DstAddr。该变量用来存放目的地的网络地址、端口号、地址模式等参数。

第 114 行：设置地址模式参数，也就是设置数据传输的类型。其中，AddrBroadcast 表示数据传输类型是广播。

第 115 行：设置目的地的端口号。其中，SAMPLEAPP_ENDPOINT 是 Coordinator.h 文件中所定义的宏。

第 116 行：设置目的地的网络地址。其中，0xffff 为广播地址。

第 118 行～第 125 行：调用函数 AF_DataRequest（）发送数据。

第 130 行～第 153 行：串口接收数据处理函数。

2. EndDevice.c 文件中的代码分析

第 15 行～第 18 行：终端节点中的簇列表定义。它与协调器中的簇列表的定义相同。

第 20 行～第 31 行：定义简单的端口描述变量 SampleApp_SimpleDesc。其中，输入簇与协调器中的输出簇相对应，输出簇与协调器中的输入簇相对应。

第 38 行：消息处理函数说明。

第 79 行：判断消息事件域的值是否为 AF_INCOMING_MSG_CMD。其中，AF_INCOMING_MSG_CMD 表示端口收到了消息。

第 80 行：调用函数 SampleApp_MessageMSGCB（）对 MSGpkt 所指向的消息进行处理。

第 102 行～第 123 行：消息处理函数。

第 104 行：定义数据缓冲区变量。协调器所发出的控制信息只有 1 个字节的字符，因此消息的应用数据只有一个字节，所以本例中只需用定义一个字节的变量就可以保存消息中的应用数据。

第 105 行：对消息中的 clusterId 域进行判断，即对接收到的命令 ID 进行判断。

第 107 行：判断当前接收到的消息是否是控制 LED 灯的消息。其中，SAMPLEAPP_PERIODIC_CLUSTERID 是 Coordinator.h 文件中所定义的宏，为输入簇 ID 号，表示控制节点上 LED 灯的命令。

第 109 行：从消息的应用数据域中复制 1 字节数据至 buf 中，也就是从消息中取控制命令的内容，然后存入变量 buf 中。

第 110 行～第 120 行：用 switch-case 语句对控制命令的内容进行判断处理。

实践拓展

修改 ZStack 中 LED 的配置

在项目 4 "实践拓展"的学习中我们知道，在使用 ZigBee 模块时要根据实际所使用的硬件资源情况对 hal_board_cfg.h 文件进行适当的修改或配置。下面以 ZStack 中 LED1 的配置为例，我们一起研究 ZStack 中有关 LED 的配置代码，然后再介绍根据实际硬件电路修改 ZStack 中 LED 配置的方法。

（1）ZStack 中 LED 的相关定义

TI 公司开发的 ZigBee 模块有许多版本，不同版本的 ZigBee 模块中所配备的 LED 不同，其中 VER17 版的 ZigBee 模块中有绿、红、黄 3 只发光二极管，分别为 LED1、LED2、LED3，依次接在 P10、P11、P14 口线上，这 3 只发光二极管采用的是高有效控制，即 P10 输出高电平时，LED1 点亮。

在 ZStack 中，有关 LED 的配置代码位于"HAL\Target\CC2530EB\Config"组中的

hal_board_cfg.h 文件中，分为符号定义、LED 初始化、LED 控制函数定义 3 部分。

与 LED 相关的符号定义代码位于文件的第 102 行～第 130 行。其中，第 102 行～第 108 行的作用是定义不同硬件版本中发光二极管的数量，第 113 行～第 129 行 3 个发光二极管的相关符号定义，每 4 行为一组，定义一个发光二极管的相关符号，每组的定义相同，以 LED1 的定义为例，其发光二极管的相关符号的定义如下：

```
#define LED1_BV              BV (0)         //113 置 1 位的定义：第 0 位置 1
#define LED1_SBIT            P1_0           //114 LED 所接引脚定义：P1_0 引脚
#define LED1_DDR             P1DIR          //115 LED 引脚所在端口的方向寄存器定义
#define LED1_POLARITY        ACTIVE_HIGH    //116 控制有效电平的定义：高有效
```

第 113 行的作用是用符号 LED1_BV 代表一个 8 位的二进制数，该二进制数与方向寄存器按位或运算后刚好使 LED 所接 I/O 口的方向位为 1（输出方向）。其中，BV（0）是 hal_defs.h 文件中定义的宏，其定义如下：

```
#define BV（n）          (1 << (n))
```

其作用是，产生一个第 n 位为 1 其他位为 0 的二进制数。

在 REV17 版的 ZigBee 模块中，LED1 接在 P1_0 引脚上，在 LED 初始化程序中需要将 P1_0 设置成输出口，也就是要将 P1DIR 的 D0 位置 1，所以在这里 BV（n）的参数应选择 0。

第 114 行的作用是定义 LED 所接的 I/O 口。

第 115 行的作用是定义 LED 所在端口的方向寄存器。

第 116 行的作用是定义 LED 有效控制电平。如果 I/O 口输出高电平时发光二极管亮（高有效控制），则有效电平应设置成 ACTIVE_HIGH，如果 I/O 口输出低电平时发光二极管亮（低有效控制），则有效电平应设置成 ACTIVE_LOW。

LED 初始化代码位于第 248 行～第 253 行，这部分代码实际上是 HAL_BOARD_INIT（）函数中的代码。HAL_BOARD_INIT（）函数是用宏定义的形式给出的，其定义如下：

```
#if defined （HAL_BOARD_CC2530EB_REV17） && !defined （HAL_PA_LNA） && !defined
(HAL_PA_LNA_CC2590)                       /*231*/
#define HAL_BOARD_INIT（） \              /*233*/
 {                        \              /*234*/
    ...
    HAL_TURN_OFF_LED1（）;      \          /*248 熄灭 LED1*/
    LED1_DDR |= LED1_BV;        \          /*249 设置 LED1 所在 I/O 口的方向：输出*/
    HAL_TURN_OFF_LED2（）;      \          /*250 熄灭 LED2*/
    LED2_DDR |= LED2_BV;        \          /*251 设置 LED2 所在 I/O 口的方向：输出*/
    HAL_TURN_OFF_LED3（）;      \          /*252 熄灭 LED3*/
    LED3_DDR |= LED3_BV;        \          /*253 设置 LED3 所在 I/O 口的方向：输出*/
    ...
```

```
        }                                   /*257*/
    #elif   defined   ( HAL_BOARD_CC2530EB_REV13 )   ||   defined   ( HAL_PA_LNA )   ||   defined
( HAL_PA_LNA_CC2590 )                       //259
    #define HAL_BOARD_INIT () \
        {                                   \
            …
            LED1_DDR |= LED1_BV;            \    /*277 设置 LED1 所在 I/O 口的方向：输出*/
            …
        }                                   //287
    #endif                                  //289
```

其中，HAL_TURN_OFF_LEDn()（n=1、2、3）是文件 hal_board_cfg.h 中定义的宏，以 HAL_TURN_OFF_LED1() 为例，其定义如下：

```
    #define HAL_TURN_OFF_LED1 ()            st ( LED1_SBIT = LED1_POLARITY (0); )
```

这里的 LED1_SBIT、LED1_POLARITY 以及第 249 行代码中的 LED1_DDR、LED1_BV 是第 113 行~第 129 行所定义的符号。

LED 控制函数的定义位于第 303 行~第 347 行。这些函数也是用宏定义的形式给出的，每个发光二极管有 4 个函数，分别是 HAL_TURN_OFF_LEDn()、HAL_TURN_ON_LEDn()、HAL_TOGGLE_LEDn() 和 HAL_STATE_LEDn()（n 为发光二极管的编号 0、1、…），它们的功能依次是熄灭发光二极管、点亮发光二极管、使发光二极管的状态翻转以及获取发光二极管的显示状态。

（2）修改 ZStack 中 LED 的定义

LED 有以下 3 种情况需要作不同的处理。

第一种情况是，ZigBee 模块中 LED 的数量与 ZStack 中 LED 相等，但 LED 所接的 I/O 引脚不同或者是 LED 采用的是低有效控制。在这种情况下，我们只需修改第 113 行~第 129 行中的符号定义。

例如，在与本书配套的 ZigBee 模块中，LED1 接在 P1_0 上，LED2 接在 P1_1 上，LED3 接在 P0_4 上，3 只发光二极管均采用低有效控制，其修改后的符号定义如下：

```
    #define LED1_BV             BV（0）         //113 置 1 位的定义：第 0 位置 1
    #define LED1_SBIT           P1_0           //114 LED1 接 P1_0 引脚
    #define LED1_DDR            P1DIR          //115 LED1 所在端口的方向寄存器定义
    #define LED1_POLARITY       ACTIVE_LOW     //116 LED1 控制有效电平的定义：低有效
    #define LED2_BV             BV（1）         //120 置 1 位控制：第 1 位置 1
    #define LED2_SBIT           P1_1           //121 LED2 所接引脚：P1_1 引脚
    #define LED2_DDR            P1DIR          //122 LED2 所在端口的方向寄存器定义
    #define LED2_POLARITY       ACTIVE_LOW     //123 LED2 控制有效电平的定义：低有效
    #define LED3_BV             BV（4）         //126 置 1 位控制：第 4 位置 1
```

```
#define LED3_SBIT          P0_4              //127 LED2 所接引脚：P0_4 引脚
#define LED3_DDR           P0DIR             //128 LED3 引脚所在端口的方向寄存器定义
#define LED3_POLARITY      ACTIVE_LOW        //129 LED3 控制有效电平的定义：低有效
```

第二种情况是，ZigBee 模块中 LED 的数量小于 ZStack 中的 LED 数。这时我们需要进行 4 处修改，一是修改第 103 行的发光二极管的数量定义，二是修改第 113 行～第 129 行中的符号定义，并删除多余的 LED 符号定义。三是删除第 248 行～第 253 行中多余的 LED 初始化代码，由于初始化函数是以宏定义形式给出的，删除不能用行注释代替。四是删除第 305 行～第 323 行中多余的 LED 控制函数。

第三种情况是，ZigBee 模块中 LED 的数量大于 ZStack 中 LED 数，这时我们也要进行 4 处修改，一是修改第 103 行的发光二极管的数量定义，二是修改第 113 行～第 129 行中的符号定义，并添加新的 LED 符号定义。三是第 253 行之后增加新的 LED 初始化代码，每增加一行代码，需要在行尾添加符号"\"。四是在第 305 行～第 323 行插入新的 LED 控制函数。

实践总结

数据通信包括发送、传输和接收 3 个部分，在无线组网中，我们所要做的工作主要是在发送端发送数据和在接收端接收数据。

数据的发送是通过调用 AF_DataRequest（）函数来实现的，需要先定义相关变量，再对变量赋值，然后调用函数。变量的定义主要有 dstAddr、srcEP、len、buf、transID 5 个。其中，dstAddr 是 afAddrType_t 型结构体变量，用来存放数据的目的地址，该变量可以定义成局部变量，也可以定义成全局变量，srcEP 是 endPointDesc_t 型结构体变量，用来存放发送端的端口信息，该变量必须定义成全局变量，需要在应用初始化中赋初值并进行端口注册，len 是 uint16 型变量，用来存放发送数据的字节数，可以定义成全局变量，也可以定义成局部变量，buf 是 uint8 型的数组，用来存放待发送的数据，通常定义成全局变量，transID 是 uint8 型的变量，用来存放传输的 ID 号，该变量是 AF_DataRequest（）函数的输出参数，必须定义成全局变量。

在变量赋值时要注意数据的通信方式，不同的通信方式要对 dstAddr.addrMode 赋以不同的值。在单播通信中，dstAddr.addrMode=Addr16Bit，dstAddr.shortAddr=目的地的网络地址。在广播通信中，dstAddr.addrMode= AddrBroadcast，dstAddr.shortAddr=0xffff 或者 0xfffc、0xfffd。

在调用 AF_DataRequest（）函数时要注意函数的参数形式。其中，第 1、2、5、6 参数为指针，需用 dstAddr、srcEP、buf[]、transID 这 4 个变量的地址作为 AF_DataRequest（）

函数的第 1、2、5、6 参数，即调用 AF_DataRequest（）函数的形式应为"AF_DataRequest（&dstAddr, &srcEP, cID, len, buf, &transID, options, radius）;"。

数据的接收是由 OSAL 完成的，当节点收到发往本节点的数据后，OSAL 就会将数据封装成消息并存入消息队列中，并设置系统事件。从应用的角度来说，我们不必关注节点是如何接收数据并将数据封装成消息的，只需掌握消息的处理方法。

在数据接收端，消息的处理方法是，在事件处理函数中当检测到有系统事件发生后，用 osal_msg_receive（）函数从消息队列中读取一条消息，然后对消息的事件域进行判断，若其为 AF_INCOMING_MSG_CMD（端口接收到数据包）事件，并且消息的簇 ID 为指定簇 ID 号，则从消息中读取数据通信的净数据，并对净数据进行解析处理，直至消息队列中的所有消息处理完毕。

习题

1. 简述数据包与消息的区别。
2. 设变量 pkt 是一个指向某个消息的指针变量，请给出下列参数的表示方法：
（1）消息中的事件编码；
（2）节点的状态；
（3）发送消息的簇 ID 号；
（4）消息中应用数据的长度；
（5）消息中应用数据存放的首地址。
3. 在 ZigBee 网络中，数据通信有哪几种方式？各种方式的特点是什么？
4. 在 ZigBee 网络中，协调器的网络地址为_____，广播地址为_____。
5. 在 ZStack 中，发送无线数据的函数是_____。
6. 请编写程序实现以下功能：
（1）用广播方式将数组 buf[]中 20 字节的数据发送出去。
（2）用单播方式将数组 buf[]中 20 字节的数据发送给协调器。
7. 如果要生成协调器的程序，在程序编译时，设备类型应选择_____，如果要生成终端节点的程序，则设备类型应选择_____，如果要生成路由器的程序，则设备类型应选择_____。
8. 简述设置 EndDevice.c 文件不参与编译的方法，并上机实践。
9. 编程实现以下网络功能：
用 2 个 ZigBee 模块组建无线网络。模块 A 作协调器，模块 B 作终端节点，用 2 台计算机分别与这 2 个 ZigBee 模块相接。网络中协调器和终端节点都可以在网络中接收和发送数据，A 计算机用串口调试软件通过协调器在网络中发送一组字符串后，终端节点就将所接收到的字符串通过串口发送到 B 计算机中显示，B 计算机用串口调试软件通过终端节点在网络中发送一组字符串后，协调器就将所接收到的字符串通过串口发送到 A 计算机中显示。即 2 台计算机 ZigBee 网络实现类似于 QQ 聊天功能。

项目 6 分组传输数据

任务要求

用 3 块 ZigBee 模块组建一个专用的无线网络，网络的 ID 号为 0x1234。模块 A 作协调器，模块 B 作路由器，模块 C 作终端节点。计算机通过串口与网络中各节点相连，用来设置各节点的通信方式，并显示节点所接收到的信息。当计算机串口向节点发送字符 sg 时，节点就加入组名为 Group1 的组中，并按组播方式发送数据；当计算机串口向节点发送字符 rg 时，节点就脱离 Group1 组，并按广播方式发送数据。其中，网络中数据传输采用 12 信道传输，节点接收到网络中的数据后通过串口发送至计算机中显示，节点与计算机进行串行通信的波特率为 BR=115200bps。

相关知识

1. 信道

信道是指进行无线数据传输时，数据信号的传送通道，即指用哪个无线频道传送无线数据。

ZigBee 采用的是免执照的工业科学医疗（ISM）频段，ZigBee 网络中可选用 868MHz、915MHz、2.4GHz3 个频段进行无线数据传送。不同国家对上述频段的使用有不同的规定，我国主要是选用 2.4GHz 进行 ZigBee 无线数据传送。

ZigBee 共定义了 27 个物理信道。其中，868MHz 频段上定义了 1 个信道，信道的编号为 0。915MHz 频段上定义了 10 个信道，信道的编号为 1～10。2.4GHz 频段上定义了 16 个信道，信道的编号为 11～26，这 16 个信道的间隔为 5MHz，各个信道的中心频率为 2401+5×（k-11）MHz。其中，k=11～26。

ZigBee 网络工作在不同频段上，其数据传送的速度不同。选用 2.4GHz 频段进行数据传送时，其理论上的数据传输速度为 250kbps，但实际上可能达不到 100kbps。其他 2 个频段上的数据传输速度更低。

在 ZStack 中，Toos 组的 f8wConfg.cfg 文件中，第 36 行～第 51 行代码用来定义信道，其定义如下：

```
//-DDEFAULT_CHANLIST=0x04000000        // 26 - 0x1A        //第 36 行
//-DDEFAULT_CHANLIST=0x02000000        // 25 - 0x19        //第 37 行
//-DDEFAULT_CHANLIST=0x01000000        // 24 - 0x18        //第 38 行
//-DDEFAULT_CHANLIST=0x00800000        // 23 - 0x17        //第 39 行
//-DDEFAULT_CHANLIST=0x00400000        // 22 - 0x16        //第 40 行
//-DDEFAULT_CHANLIST=0x00200000        // 21 - 0x15        //第 41 行
//-DDEFAULT_CHANLIST=0x00100000        // 20 - 0x14        //第 42 行
//-DDEFAULT_CHANLIST=0x00080000        // 19 - 0x13        //第 43 行
//-DDEFAULT_CHANLIST=0x00040000        // 18 - 0x12        //第 44 行
//-DDEFAULT_CHANLIST=0x00020000        // 17 - 0x11        //第 45 行
//-DDEFAULT_CHANLIST=0x00010000        // 16 - 0x10        //第 46 行
//-DDEFAULT_CHANLIST=0x00008000        // 15 - 0x0F        //第 47 行
//-DDEFAULT_CHANLIST=0x00004000        // 14 - 0x0E        //第 48 行
//-DDEFAULT_CHANLIST=0x00002000        // 13 - 0x0D        //第 49 行
//-DDEFAULT_CHANLIST=0x00001000        // 12 - 0x0C        //第 50 行
-DDEFAULT_CHANLIST=0x00000800          // 11 - 0x0B        //第 51 行
```

其中，-D 是 f8wConfg.cfg 文件中定义宏的一种表达形式，其后的符号为所要定义的符号，宏定义符号-D 与宏名之间无空格，"="右边的数为宏所代表的值，注释符号（符号//）后面的数值为信道号。例如，第 51 行的代码的含义就是，定义符号 DEFAULT_CHANLIST，它所代表的值为 0x00000800，它是 11 信道的定义。

ZStack 的默认信道是 11，如果要选择其他信道（例如选择信道 13），其修改方法是，将定义信道 13 的代码前面的注释符号（符号"//"）去掉，即去掉第 49 行代码前面的"//"符号，然后再将第 51 行代码注释掉，即在第 51 行前面加上符号"//"。也就是说，在第 36 行～第 51 行代码中只保留所选信道的定义，其他行的信道定义全部注释掉。修改后的信道定义如下：

```
...
//-DDEFAULT_CHANLIST=0x00004000        // 14 - 0x0E        //第 48 行
-DDEFAULT_CHANLIST=0x00002000          // 13 - 0x0D        //第 49 行
//-DDEFAULT_CHANLIST=0x00001000        // 12 - 0x0C        //第 50 行
//-DDEFAULT_CHANLIST=0x00000800        // 11 - 0x0B        //第 51 行
```

2. PAN ID

PAN ID 是 Personal Area Network ID 的缩写，其含义是个域网的标志符。ZigBee 网络属于个域网，PAN ID 用来标志不同的 ZigBee 网络，同一个 ZigBee 网络中的节点，其 PAN

ID 相同。也就是说，如果节点的 PAN ID 相同，那么它们就属于同一个 ZigBee 网络，否则就属于不同的 ZigBee 网络。

在 ZStack 中，PAN ID 用 14 位的二进制数表示，其值为 0x0000～0x3fff，由 f8wConfg.cfg 文件(位于 Toos 组中)中的 ZDO_CONFIG_PAN_ID 参数来指定。节点的 ZDO_CONFIG_PAN_ID 参数值设置为 0x0000～0x3fff 中的某个值时，节点就以此值为 PAN ID 值建立（对于协调器而言）或加入（对于路由器、终端节点而言）网络；节点的 ZDO_CONFIG_PAN_ID 的值设为 0xffff 时，节点就选择最优的 PAN ID 值（位于 0x0000～0x3fff 之间）来建立（对于协调器而言）或加入（对于路由器、终端节点而言）网络。

在 f8wConfg.cfg 文件中，ZDO_CONFIG_PAN_ID 参数的定义位于第 58 行中，其定义如下：

-DZDAPP_CONFIG_PAN_ID=0xFFFF

很显然，ZDO_CONFIG_PAN_ID 参数的默认值为 0xffff。如果不修改该参数的值，每次协调器上电后所组建的网络并不一定相同，对于路由器和终端节点而言，如果节点的附近有多个 ZigBee 网络，每次上电后它们所加入的 ZigBee 网络也并不一定相同。

设置网络的 PAN ID 值的方法是，在上述 ZDO_CONFIG_PAN_ID 参数定义中，将 "=" 右边的数设置成我们所要的 PAN ID 值。例如，将网络的 PAN ID 设为 0x1234 的定义如下：

-DZDAPP_CONFIG_PAN_ID=0x1234

3. 组播通信的相关函数

在 ZStack 中共有 12 个与组播通信相关的函数，这些函数的原型说明位于 NWK 组的 aps_groups.h 文件中，其中最常用的是 aps_AddGroup（）等 3 个函数。

（1）aps_AddGroup（）函数

aps_AddGroup（）函数的原型说明如下：

ZStatus_t aps_AddGroup（ uint8 endpoint, aps_Group_t *group ）;

该函数的功能是，将端口 endpoint 添加至 group 组中。函数中 group 参数的类型是 aps_Group_t 型的结构体类型，aps_Group_t 类型的定义位于 aps_groups.h 文件中，其类型说明如下：

```
typedef struct
{
    uint16 ID;                          //组 ID 号
    uint8  name[APS_GROUP_NAME_LEN];    //组名
} aps_Group_t;
```

其中，APS_GROUP_NAME_LEN 是 aps_groups.h 文件中定义的宏，其定义如下：

#define APS_GROUP_NAME_LEN   16

也就是说，在默认状态下，组名的长度最多 16 个字符。

该函数的返回值是添加的结果，若添加成功，则返回 ZSuccess。

例如，将端口 SAMPLEAPP_ENDPOINT 加入到 SampleApp_Group 组中的程序如下：

aps_AddGroup（SAMPLEAPP_ENDPOINT, &SampleApp_Group）;

（2）aps_FindGroup（）函数

aps_FindGroup（）函数的原型说明如下：

aps_Group_t * aps_FindGroup（uint8 endpoint, uint16 groupID）;

该函数的功能是查找组，若端口 endpoint 在组 ID 号为 groupID 的组中，则返回指向该组的指针，否则返回 NULL。

（3）aps_RemoveGroup（）函数

aps_RemoveGroup（）函数原型说明如下：

aps_RemoveGroup（uint8 endpoint, uint16 groupID）;

该函数的功能是，将端口 endpoint 从组 ID 号为 groupID 的组中删除。

例如，将端口 SAMPLEAPP_ENDPOINT 从组 ID 号为 SAMPLEAPP_GROUP 组中删除的程序如下：

```
aps_Group_t *grp;
grp = aps_FindGroup（SAMPLEAPP_ENDPOINT, SAMPLEAPP_GROUP）;
if（grp）
{       aps_RemoveGroup（SAMPLEAPP_ENDPOINT, SAMPLEAPP_GROUP）; }
```

4. 组播通信的实现方法

组播通信实现的一般方法是，先定义一个组，然后将节点中需要进行组播通信的端口添加至组中，在需要进行组播通信时则按组发送数据。

（1）定义组

定义组的方法是，先定义一个 aps_Group_t 型的组变量，然后在变量中设置组 ID 值和组名。

例如，定义一个组 ID 号为 0x0001、组名为 6 字符号的 Group1，其程序如下：

```
aps_Group_t SampleApp_Group;                          //1 定义组变量 SampleApp_Group
SampleApp_Group.ID = 0x0001;                          //2 设置组 ID 值
osal_memcpy（SampleApp_Group.name, "Group1", 6）;//3 设置组名
```

在程序中,第 1 句的功能是定义 aps_Group_t 型的组变量 SampleApp_Group,第 2 句的功能是对组变量 SampleApp_Group 的 ID 成员赋值 0x0001,也就是将组的 ID 值设置为 0x0001,第 3 句的功能是将字符串"Group1"中的 6 个字符复制到 SampleApp_Group.name 所代表的地址处。SampleApp_Group 变量的 name 成员是一个数组,SampleApp_Group.name 表示的是 name 成员的首地址,即 name[0]的地址。osal_memcpy()函数执行后,name[0]= 'G', name[1]= 'r', name[2]= 'o', name[3]= 'u', name[4]= 'p', name[5]= '1'。也就是将组变量 SampleApp_Group 的 name 成员的值设置成 Group1,因此第 3 句的功能是将组名设置成 Group1。

在实际应用中,我们有时需要在组变量中保存组名的长度,以方便编程。在这种情况下,我们可以用 name 成员的第 1 个元素保存组名的长度,从第 2 个元素开始存放实际的组名。例如,下面的程序就是用 name[0]保存组名长度的,从 name[1]开始存放组名。

```
aps_Group_t SampleApp_Group;                                    //1 定义组变量 SampleApp_Group
SampleApp_Group.ID = 0x0001;                                    //2 设置组 ID 值
SampleApp_Group.name[0]=6                                       //3 name[0]存放组名的长度 6
osal_memcpy(&SampleApp_Group.name[1], "Group1", 6 );  //4 组名存放在从 name[1]开始的 6 个元素中
```

在第 4 行代码中,符号&为取地址运算符,其作用是取 SampleApp_Group.name[1]的地址。osal_memcpy()函数的第 1 个参数为指针,而 name[1]是结构体变量 SampleApp_Group 的 name 成员的第 1 个元素,它相当于一个变量,并不是一个地址,因而需要在其前面加上取地址运算符。

(2)在组中添加端口

在 ZigBee 网络中,端口只有加入到一个组中之后才能接收到组内的消息,或者向组内其他端口发送消息。在组中添加端口所用的函数是 aps_AddGroup()。

例如,将端口 SAMPLEAPP_ENDPOINT 加入到 SampleApp_Group 组中的程序如下:

```
aps_Group_t *grp;
grp = aps_FindGroup( SAMPLEAPP_ENDPOINT, SAMPLEAPP_GROUP );
if(grp == NULL)
{    aps_AddGroup( SAMPLEAPP_ENDPOINT, &SampleApp_Group );    }
```

该程序中先定了一个指向组的指针变量,然后检查端口是否在指定组中,若不在,则将此端口添加到组中。

(3)按组发送数据

按组发送数据所用的函数也是 AF_DataRequest(),但调用该函数时的参数值不同,其要求是,发送的地址模式为 AddrGroup(组播),目的地的短地址值为组 ID 号。其他参数

的要求与广播时的要求一样,在此不再赘述。

例如,以组播方式发送字符"Group Message"的程序如下:

```
void    SampleApp_SendGroupMessage(void)
{
    uint8 theMessage[]="Group Message";                //待发送的数据
    afAddrType_t   Send_DstAddr;                       //发送的目的地
    Send_DstAddr.addrMode=(afAddrMode_t)AddrGroup;     //地址模式:组播
    Send_DstAddr.addr.shortAddr=SampleApp_Group.ID;    //目的地的短地址值为组ID号
    Send_DstAddr.endPoint=SAMPLEAPP_ENDPOINT;          //目的地的端口号

    AF_DataRequest(  &Send_DstAddr, &SampleApp_epDesc, //发送数据
                     SAMPLEAPP_PERIODIC_CLUSTERID,
                     13,                               //发送13字节
                     (uint8*)theMessage,               //数据位于theMessage[]中
                     &SampleApp_TransID,
                     AF_DISCV_ROUTE,
                     AF_DEFAULT_RADIUS );
}
```

实现方法与步骤

1. 编程思路

本例中,节点有广播和组播2种方式,由串口命令来设置,可以采取以下方式来实现任务要求:用SAMPLEAPP_PERIODIC_CLUSTERID、SAMPLEAPP_GROUP_CLUSTERID等2个簇ID号分别表示广播发送和组播发送,用全局变量User_CommType标志节点的数据发送方式,User_CommType=0表示节点用广播方式发送数据,User_CommType=1表示节点用单播方式发送数据(本例中暂时没用),User_CommType=2表示节点用组播方式发送数据。节点组建网络后或者加入至网络中后,我们将User_CommType设置为2,表示节点要用组播方式发送数据,并将节点加入至组中。在串口接收数据处理程序中,我们对接收数据进行判断,若为rg,则将节点移出组,并将User_CommType设置为0;若为sg,则将节点加入至组中,并将User_CommType设置为2;若为其他数据,则根据User_CommType的值分别以组播或广播方式发送数据。在消息处理程序中,我们可以通过判断消息的簇ID域的值来获得当前接收的是广播数据还是组播数据,并进行提示,然后从消息的数据域中取出所接收到的净数据,并进行显示。节点的事件处理流程如图6-1所示,其中串口接收数据处理流程如图6-2所示。

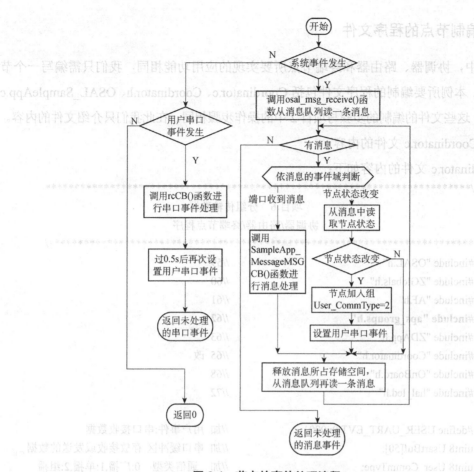

图 6-1 节点的事件处理流程

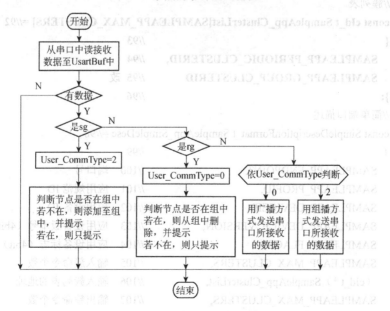

图 6-2 串口接收数据处理流程

2. 编制节点的程序文件

本例中,协调器、路由器和终端节点所要实现的应用功能相同,我们只需编写一个节点的程序。本例所要编制的程序文件包括 Coordinator.c、Coordinator.h、OSAL_SampleApp.c 3 个文件,这些文件的编制的步骤与项目 2 中的操作步骤相同,在此我们只介绍文件的内容。

(1) Coordinator.c 文件的内容

Coordinator.c 文件的内容如下:

1	/***	
2	项目 6 分组传输数据	
3	协调器/路由器/终端节点程序	
4	***/	
5	#include "OSAL.h"	//59
6	#include "ZGlobals.h"	//60
7	#include "AF.h"	//61
8	**#include "aps_groups.h"**	**//62**
9	#include "ZDApp.h"	//63
10	#include "Coordinator.h"	//65 改
11	#include "OnBoard.h"	//68
12	#include "hal_led.h"	//72
13		
14	#define USER_UART_EVT 0x0001	//加 用户事件:串口接收数据
15	uint8 UsartBuf[50];	//加 串口缓冲区:存放接收或发送的数据
16	uint8 User_CommType;	//加 通信类型 0:广播,1:单播,2:组播
17	//簇列表	
18	**const cId_t SampleApp_ClusterList[SAMPLEAPP_MAX_CLUSTERS] =**//92	
19	{	//93
20	SAMPLEAPP_PERIODIC_CLUSTERID,	//94
21	**SAMPLEAPP_GROUP_CLUSTERID**	//95 改
22	};	//96
23	//简单端口描述	
24	const SimpleDescriptionFormat_t SampleApp_SimpleDesc =//98	
25	{	//99
26	SAMPLEAPP_ENDPOINT,	//100 端口号
27	SAMPLEAPP_PROFID,	//101 应用规范 ID
28	SAMPLEAPP_DEVICEID,	//102 应用设备 ID
29	SAMPLEAPP_DEVICE_VERSION,	//103 应用设备版本号(4bit)
30	SAMPLEAPP_FLAGS,	//104 应用设备标志(4bit)
31	SAMPLEAPP_MAX_CLUSTERS,	//105 输入簇命令个数
32	(cId_t *) SampleApp_ClusterList,	//106 输入簇列表的地址
33	SAMPLEAPP_MAX_CLUSTERS,	//107 输出簇命令个数
34	(cId_t *) SampleApp_ClusterList	//108 输出簇列表的地址
35	};	//109

```
36
37      endPointDesc_t SampleApp_epDesc;              //115 应用端口
38      uint8 SampleApp_TaskID;                       //128 应用程序中的任务 ID 号
39      devStates_t SampleApp_NwkState;               //131 网络状态
40      uint8 SampleApp_TransID;                      //133 传输 ID
41      aps_Group_t SampleApp_Group;                  //138 定义组变量
42
43      void SampleApp_MessageMSGCB（afIncomingMSGPacket_t *pckt）;//147 消息处理
44      void SampleApp_SendMessage（uint16 len,uint8 *buf）;        //148 广播发送数据
45      void SampleApp_SendGroupMessage(uint16 len,uint8 *buf);    //组播发送数据
46      void rxCB（void）;                             //串口接收数据处理
47      /*****************************************************************
48                       应用程序初始化函数
49      *****************************************************************/
50      void SampleApp_Init（uint8 task_id）          //173
51      {                                             //174
52          halUARTCfg_t  UartConfig;   //加 定义串口配置变量
53          SampleApp_TaskID = task_id;               //175 应用任务（全局变量）初始化
54          SampleApp_NwkState = DEV_INIT;            //176 网络状态初始化
55          SampleApp_TransID = 0;                    //177 传输 ID 号初始化
56          // 应用端口初始化
57          SampleApp_epDesc.endPoint = SAMPLEAPP_ENDPOINT;//213 端口号
58          SampleApp_epDesc.task_id = &SampleApp_TaskID;  //214 任务号
59          SampleApp_epDesc.simpleDesc               //215 端口的其他描述
60              =（SimpleDescriptionFormat_t *）&SampleApp_SimpleDesc;//216
61          SampleApp_epDesc.latencyReq = noLatencyReqs;//217 端口的延迟响应
62          afRegister（&SampleApp_epDesc）;          //220 端口注册
63
64          SampleApp_Group.ID = SAMPLEAPP_GROUP;              //226 设置组 ID
65          osal_memcpy（SampleApp_Group.name, "Group 1", 7）; //227 设置组名
66          //串口配置
67          UartConfig.configured = TRUE;             //加
68          UartConfig.baudRate = HAL_UART_BR_115200; //加 波特率为 115200
69          UartConfig.flowControl = FALSE;           //加 不进行流控制
70          UartConfig.callBackFunc = NULL;           //加 回调函数:无
71          HalUARTOpen（0,&UartConfig）;             //加 按所设定参数初始化串口 0
72      }
73      /*****************************************************************
74                       任务事件处理函数
75      *****************************************************************/
76      uint16 SampleApp_ProcessEvent（uint8 task_id, uint16 events）//248
77      {                                             //249
78          afIncomingMSGPacket_t *MSGpkt;            //250 定义指向接收消息的指针
```

```
79        (void) task_id;                                //251 未引参数 task_id
80        if （ events & SYS_EVENT_MSG ）                //253 判断是否为系统事件
81        {                                              //254
82            MSGpkt = (afIncomingMSGPacket_t *) osal_msg_receive ( SampleApp_TaskID );//255
从消息队列中取消息
83            while （ MSGpkt ）                          //256 有消息？
84            {                                          //257
85                switch （ MSGpkt->hdr.event ）         //258 判断消息中的事件域
86                {                                      //259
87                case AF_INCOMING_MSG_CMD:              //266 端口收到消息
88                    SampleApp_MessageMSGCB（ MSGpkt ）; //267
89                    break;                             //268
90                case ZDO_STATE_CHANGE:                 //271 ZDO 的状态变化事件
91                    SampleApp_NwkState = (devStates_t)(MSGpkt->hdr.status);//272 读设备状态
92                    if （ (SampleApp_NwkState == DEV_ZB_COORD) //273 若为协调器
93                         || (SampleApp_NwkState == DEV_ROUTER) //274 路由器
94                         || (SampleApp_NwkState == DEV_END_DEVICE) ）//275 或终端节点
95                    {                                  //276
96                        aps_AddGroup（ SAMPLEAPP_ENDPOINT, &SampleApp_Group ）;//加入组
97                        User_CommType=2;                         //数据通信方式为广播
98                        osal_set_event（SampleApp_TaskID,USER_UART_EVT）;//加
99                        HalUARTWrite（0,"\r\n",2）;
100                   }                                   //281
101                   break;                              //286
102               //在此处可添加系统事件的其他子事件处理
103               default:                                //288
104                   break;                              //289
105               }                                      //290
106               osal_msg_deallocate（ (uint8 *) MSGpkt ）;//293 释放消息所占存储空间
107               MSGpkt = ( afIncomingMSGPacket_t * ) osal_msg_receive
( SampleApp_TaskID );//296 再从消息队列中取消息
108           }                                           //297
109           return (events ^ SYS_EVENT_MSG);           //300 返回未处理的事件
110       }                                              //301
111       //用户事件处理
112       if （ events & USER_UART_EVT ）                 //305 改
113       {                                              //306
114           rxCB（）;                                   //加  串口接收数据处理
115           // 再次触发用户事件
116           osal_start_timerEx（ SampleApp_TaskID, USER_UART_EVT,//311 过 0.2s 后再设置事件
117               200 ）;                                 //312 改
118           return （events ^ USER_UART_EVT）;          //315 改 返回未处理完毕的事件
```

```
119        }                                          //316
120
121       return 0;                                   //319  丢弃未知事件
122    }                                              //320
123   /***********************************************************************
124                         消息处理函数
125   pkt:指向待处理消息的结构体指针
126   ***********************************************************************/
127   void SampleApp_MessageMSGCB（afIncomingMSGPacket_t *pkt）//387
128   {                                                //388
129      uint16  len;
130      uint8 *buf;
131      switch （pkt->clusterId）                     //391
132      {                                             //392
133        case SAMPLEAPP_PERIODIC_CLUSTERID:    //393 广播发送的数据
134           len=pkt->cmd.DataLength;
135           buf=pkt->cmd.Data;
136           HalUARTWrite（0,"接收到广播数据! 接收数据为：",28）；
137           HalUARTWrite（0,buf,len）；
138           HalUARTWrite（0,"\r\n",2）；
139           break;                                   //394
140        case SAMPLEAPP_GROUP_CLUSTERID:       //393 组播发送的数据
141           len=pkt->cmd.DataLength;
142           buf=pkt->cmd.Data;
143           HalUARTWrite（0,"接收到组播数据! 接收数据为：",28）；
144           HalUARTWrite（0,buf,len）；
145           HalUARTWrite（0,"\r\n",2）；
146           break;                                   //394
147      }                                             //400
148   }                                                //401
149
150   /***********************************************************************
151                        串口接收数据处理函数
152   ***********************************************************************/
153   void  rxCB（void）
154   {
155      uint16 len;
156      aps_Group_t *grp;                             //357
157      len=HalUARTRead（0,UsartBuf,50）；            //加 从串口中读 50 个数据
158      if（len>0）                                   //加 判断是否接收到了数据
159      { HalUARTWrite（0,"串口接收数据为：",osal_strlen（"串口接收数据为："））；
160         HalUARTWrite（0,UsartBuf,len）；
161         if（osal_memcmp（UsartBuf,"sg",2））
```

```
162        {//设置组命令
163          User_CommType=2;                          //组播方式
164          grp = aps_FindGroup（SAMPLEAPP_ENDPOINT, SAMPLEAPP_GROUP）;//358
165          if（ grp）
166          {
167            HalUARTWrite（0," 节点在组中!\r\n",osal_strlen(" 节点在组中!")+2）;
168          }
169          else
170          {//端口不在组中,则添加至组中,并采用组播方式收发数据
171            aps_AddGroup（SAMPLEAPP_ENDPOINT, &SampleApp_Group）;//367
172            //输出提示信息
173            HalUARTWrite（0," 节点已加入组!\r\n",osal_strlen(" 节点已加入组!")+2）;
174          }
175        }
176        else if（osal_memcmp（UsartBuf,"rg",2））
177        {//删除组命令
178          User_CommType=0;                          //广播方式
179          grp = aps_FindGroup（SAMPLEAPP_ENDPOINT, SAMPLEAPP_GROUP）;//358
180          if（ grp ）
181          {//若组存在,则删除组,并采用广播方式发送
182            aps_RemoveGroup（SAMPLEAPP_ENDPOINT, SAMPLEAPP_GROUP）;//362
183            //输出提示信息
184            HalUARTWrite（0," 节点已移出组,即将进行广播通信!\r\n",34）;
185          }
186          else
187          {
188            //输出提示信息
189            HalUARTWrite（0," 节点不在组中,现在进行广播通信!\r\n",34）;
190          }
191        }
192        else
193        {
194          switch（User_CommType)
195          { case  0:
196              SampleApp_SendMessage（len,UsartBuf）;
197              break;
198            case  2:
199              SampleApp_SendGroupMessage（len,UsartBuf）;
200              break;
201          }
202        }
203      }
204    }
```

```
205  /************************************************************************
206                          发送消息函数（广播方式）
207  *************************************************************************/
208  void SampleApp_SendMessage ( uint16 len,uint8 *buf )
209  { afAddrType_t myDstAddr;
210    myDstAddr.addrMode = （afAddrMode_t）AddrBroadcast; //广播
211    myDstAddr.endPoint = SAMPLEAPP_ENDPOINT;
212    myDstAddr.addr.shortAddr = 0xffff;
213    HalUARTWrite（0,"\r\n 当前以广播方式发送,发送的数据是: ",35）;
214    HalUARTWrite（0,buf,len）;
215    AF_DataRequest（ &myDstAddr, &SampleApp_epDesc,//414 改
216                    SAMPLEAPP_PERIODIC_CLUSTERID,    //415
217                    len,                              //416 改
218                    buf,                              //417 改
219                    &SampleApp_TransID,               //418
220                    AF_DISCV_ROUTE,                   //419
221                    AF_DEFAULT_RADIUS ） ;            //420 改
222    HalUARTWrite（0,"  数据发送完毕!\r\n",17）;
223  }
224  /************************************************************************
225                          发送消息函数（组播方式）
226  *************************************************************************/
227  void  SampleApp_SendGroupMessage（uint16 len,uint8*buf）
228  { afAddrType_t myDstAddr;
229    myDstAddr.addrMode =（afAddrMode_t）AddrGroup; //组播
230    myDstAddr.endPoint = SAMPLEAPP_ENDPOINT;
231    myDstAddr.addr.shortAddr = SampleApp_Group.ID;
232    HalUARTWrite（0,"\r\n 当前以组播方式发送,发送的数据是: ",35）;
233    HalUARTWrite（0,buf,len）;
234    AF_DataRequest（ &myDstAddr, &SampleApp_epDesc, //414 改
235                    SAMPLEAPP_GROUP_CLUSTERID,       //415
236                    len,                              //416 改
237                    buf,                              //417 改
238                    &SampleApp_TransID,               //418
239                    AF_DISCV_ROUTE,                   //419
240                    AF_DEFAULT_RADIUS ） ;            //420 改
241    HalUARTWrite（0,"  数据发送完毕!\r\n",17）;
242  }
```

（2）Coordinator.h 文件的内容

本例中的 Coordinator.h 文件与项目 5 中的 Coordinator.h 文件基本相同，不同的地方是，本例中需定义 2 个簇 ID 号，另外还需定义 1 个组 ID 号。本例的 Coordinator.h 文件的内容如下（其中黑体部分是差异部分）:

```
1   /*******************************************************************
2                       项目 6   分组传输数据
3                   协调器/路由器/终端节点程序（Coordinator.h）
4   *******************************************************************/
5   #ifndef SAMPLEAPP_H                              //40
6   #define SAMPLEAPP_H                              //41
7
8   #include "ZComDef.h"                             //51
9
10  #define SAMPLEAPP_ENDPOINT           20          //59   定义端口号
11
12  #define SAMPLEAPP_PROFID             0x0F08      //61   定义应用规范 ID 号
13  #define SAMPLEAPP_DEVICEID           0x0001      //62   定义应用设备 ID 号
14  #define SAMPLEAPP_DEVICE_VERSION     0           //63   定义应用设备版本
15  #define SAMPLEAPP_FLAGS              0           //64   定义应用标志
16
17  #define SAMPLEAPP_MAX_CLUSTERS       2           //66   定义簇命令个数
18  #define SAMPLEAPP_PERIODIC_CLUSTERID 1           //67   定义簇命令
19  #define SAMPLEAPP_GROUP_CLUSTERID    2           //68   定义簇命令
20
21  #define SAMPLEAPP_GROUP      0x0001              //79   改 定组 ID 号
22  //函数说明
23  extern void SampleApp_Init（ uint8 task_id ）;           //93   应用初始化函数
24  extern UINT16 SampleApp_ProcessEvent（ uint8 task_id, uint16 events ）;//98 事件处理
    函数
25
26  #endif                                           //107
```

3. 设置 PANID 和信道

本例中，ZigBee 网络的网络 ID 号为 0x1234，数据用 12 信道传输。设置网络 ID 号的步骤如下。

第 1 步：打开 Toos 组中的 f8wConfg.cfg 文件。

第 2 步：单击工具栏上的"Find"图标按钮 ✎ 或者按快捷键 CTRL+C，打开如图 6-3 所示的"Find"对话框。

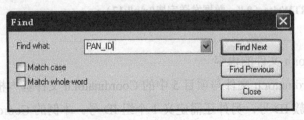

图 6-3 "Find" 对话框

第 3 步：在"Find"对话框的"Find what"文本框中输入 PAN_ID，然后单击对话框中的"Find Next"按钮，光标就跳转到 PAN_ID 定义所在行（第 59 行）。

第 4 步：将行中"=0xFFFF"改为"=0x1234"，修改后的 PANID 定义为：

-DZDAPP_CONFIG_PAN_ID=0x1234

设置传输信道号的方法如下：

① 在 f8wConfg.cfg 文件中找到信道列表定义行，其中"查找"对话框中所输入的字符为"CHANLIST"。信道的定义位于第 36 行～第 51 行。

② 删除第 50 行（信道 12 的定义）前面的注释，在第 51 行（信道 11 的定义）的行首加上注释符"//"。修改后的信道定义如下：

...
//-DDEFAULT_CHANLIST=0x00004000   // 14 - 0x0E   //第 48 行
//-DDEFAULT_CHANLIST=0x00002000   // 13 - 0x0D   //第 49 行
-DDEFAULT_CHANLIST=0x00001000   // 12 - 0x0C   //第 50 行
//-DDEFAULT_CHANLIST=0x00000800   // 11 - 0x0B   //第 51 行

③ 保存 f8wConfg.cfg 文件

4. 程序编译与下载运行

本例中有协调器、路由器和终端节点 3 种类型的设备，虽然 3 种设备的应用程序相同，但仍需要将节点程序分类编译，以便分别生成协调器、路由器和终端节点的程序。程序编译与下载的步骤如下。

第 1 步：参考图 3-5 设置编译控制符号，其中串口的编译控制符号为"ZTOOL_P1"。

第 2 步：单击 Workspace 窗口中的下拉列表框，从列表框中选择"CoordinatorEB"列表项（参考图 5-3）。

第 3 步：单击菜单栏上的"Project"→"make"菜单项，对程序进行编译。

第 4 步：连接仿真器。

第 5 步：下载程序至协调器中。

第 6 步：用串口线将计算机的串口与协调器相连，然后在计算机打开串口调试软件，并参照图 3-3 设置好串行通信的参数。

第 7 步：重复第 2 步～第 6 步，编译、连接路由器、终端节点程序，并将程序下载至路由器、终端节点中。其中，路由器的设备类型选择"RouterEB"，终端节点的设备类型选择"EndDeviceEB"。

第 8 步：用串口调试助手向节点分别发送 rg、sg 不同的命令，使节点加入组、脱离组，然后用节点向网络中其他节点发送的数据，我们可以看到以下现象：

① 协调器以组播方式发送数据，则只有组中的节点才能收到此数据，组外节点则收不到此数据。

② 协调器以广播方式发送数据，则无论节点是否在组中，均可接收此数据。

③ 路由器/终端节点以组播方式发送数据，无论协调器是否在组中，均可收到数据。在其他节点中，只有在组中的节点才能收到此数据，不在组中的节点则收不到此数据。

④ 路由器/终端节点以广播方式发送数据，无论节点是否在组中，均可收到数据。

其中，协调器发送和接收数据的结果如图 6-4 所示，路由器发送和接收数据的结果如图 6-5 所示。

图 6-4　协调器发送和接收数据的结果

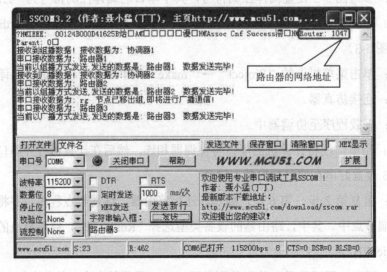

图 6-5　路由器发送和接收数据的结果

程序分析

在 Coordinator.c 文件中，多数代码在前面的项目中我们已分析过，在此我们只分析本例中新增加或修改的程序代码。

第 8 行：将头文件 aps_groups.h 包含至 Coordinator.c 文件中。在 Coordinator.c 文件中，我们使用了 aps_AddGroup（）等几个组播新函数，这些函数的定义位于 aps_groups.h 文件中，所以必须在程序的开头处将 aps_groups.h 文件包括至文件中来，否则程序编译时就会报错。

第 18 行～第 22 行：定义簇列表。本例中，我们用了 2 个簇 ID 号分别表示广播发送和组播发送，所以这里的簇列表中有 2 个元素，分别为广播发送的簇 ID 号和组播发送的簇 ID 号。

第 41 行：定义组变量，该变量是 aps_Group_t 型的结构体变量，用来保存组名和组 ID。

第 45 行：组播发送函数的说明。

第 64 行：设置组 ID 号，其中 SAMPLEAPP_GROUP 是 Coordinator.h 文件中定的宏，值为 0x0001。

第 65 行：设置组名。语句"osal_memcpy（SampleApp_Group.name, "Group 1", 7）;"功能是从字符串"Group 1"中复制 7 个字符至 SampleApp_Group 结构体变量的 name[]成员中，语句执行后，组的名字为"Group 1"。

第 92 行～第 100 行：检查设备的状态，若设备的状态是协调器启动、路由器认证启动或者终端节点认证启动，则将端口加入组中，并将数据通信类型设为组播通信，然后设置用户串口事件，用串口向计算机输出回车换行符。

第 96 行：将端口 SAMPLEAPP_ENDPOINT 加入 SampleApp_Group 组中。本例中，每个节点只有一个端口，我们也可以说是节点加入组中。需要注意的是，调用 sps_AddGroup（）函数时，函数的第 2 个实参为组变量的地址，第 2 个参数前面的&运算符为取地址运算。

第 97 行：将通信类型设置为组播通信。语句中，User_CommType 为全局变量，用来保存 3 种通信类型，其中，0 表示广播通信，1 表示单播通信，2 表示组播通信。

第 127 行～第 148 行：消息处理函数。本例中的消息处理函数与项目 5 中的消息处理函数的结构相同，只是 switch-case 语句中多了一个簇 ID 的判断处理罢了。

第 131 行：判断消息的簇 ID 域。这里的 pkt 是指向消息的指针变量，因此其簇 ID 域表示为 pkt->clusterId，而不是 pkt.clusterId。

第 133 行～第 139 行：对广播消息的处理。其中，SAMPLEAPP_PERIODIC_CLUSTERID 是节点广播发送数据的簇 ID 号，这几行代码的功能如下。

第 134 行：从消息的数据长度域中读取净数据的长度。

第 135 行：获取消息中净数据存放的地址。

第 136 行：向计算机发送提示信息。

第 137 行：向计算机发送所接收到的净数据。

第 138 行：向计算机发送回车换行符。

第 140 行～第 146 行：对组播消息的处理。其中，SAMPLEAPP_GROUP_CLUSTERID 是节点组播发送数据的簇 ID 号，这几行代码的功能与第 133 行～第 139 行基本相同，只是提示信息不同而已。

第 153 行～第 204 行：串口接收数据处理函数。函数中的分支较多，建议读者对照图 6-2 来分析函数的结构。rxCB（）函数的功能是，对串口所接收到的数据进行判断，当串口接收数据为 sg，则将端口添加至组中，这部分代码位于第 163 行～第 174 行；当串口接收数据为 rg，则从组中移除端口，这部分代码位于第 178 行～第 190 行；当串口接收的数据既不是 sg，也是 rg 时，则依 User_CommType 的值以广播方式或者组播方式发送串口所接收到的数据，这部分代码位于第 194 行～第 200 行。

第 156 行：定义指向组的指针变量。在调用 aps_AddGroup（）函数和 aps_RemoveGroup（）函数时，为了防止操作出错，在调用这 2 个函数之前，我们先用 aps_FindGroup（）函数查找端口是否在组中，然后决定是否调用这 2 个函数。由于 aps_FindGroup（）函数的返回值是指向组的指针，所以在函数的开始处定义了指向组的指针变量 grp，用来存放 aps_FindGroup（）函数的返回值。

第 161 行：判断串口接收数据是否为设置组命令 sg。

第 163 行：将通信方式设置成组播方式。

第 164 行：从组中查找端口，并将查找的结果赋给变量 grp。

第 165 行：对查找的结果进行判断，若 grp 的值非空（NULL），表明端口在组中。

第 167 行：输出节点在组中的提示信息。

第 170 行：将端口加入组中。

第 171 行：输出提示信息。

第 178 行：将通信方式设置成广播方式。

第 182 行：从组中删除端口。

第 196 行：用函数 SampleApp_SendMessage（）将串口所接收的数据以广播方式发送出去。

第 199 行：用函数 SampleApp_SendGroupMessage（）将串口所接收的数据以组播方式发送出去。

第 227 行～第 242 行：以组播方式发送数据函数

第 228 行：定义变量 myDstAddr，该变量用来保存目的地的端口号、网络地址、地址模式等参数。

第 229 行：将地址模式设为 AddrGroup，即数据通信采用组播方式。

第 230 行：设置目的地的端口号。

第 231 行：设置目的地的网络地址。在组播通信中，目的地的网络地址要设置成组 ID 号。其中，SampleApp_Group.ID 在第 64 行赋值，其值为 0x0001。

第 232 行：用串口向计算机输出提示信息。

第 233 行：向计算机输出串口所接收的数据。

第 234 行～第 240 行：用 AF_DataRequest（）发送数据。

实践总结

组播通信是 ZigBee 网络中一种常用的通信方式，组播通信分以下 3 步实现。

第 1 步是定义组。其方法是先定义一个 aps_Group_t 型的组变量，然后在变量中设置组 ID 号和组名。在程序中，一般是将组变量定义成全局变量。

第 2 步是将节点中的端口添加至组中。其方法是，先用 aps_FindGroup（）函数在组中查找端口，然后根据查找的结果决定是否将端口添加至组中，仅当查找的结果为 NULL 时才能将端口添加至组中，将端口添加至组中的函数是 aps_AddGroup（）。端口添加到组中的代码一般放在某个事件的处理程序中，例如放在节点建立或者加入网络事件的处理程序中或者放在串口接收数据解析程序中等。

第 3 步是发送数据。发送数据所使用的函数也是 AF_DataRequest（），但发送的地址模式为 AddrGroup（组播），目的地的短地址值为组 ID 号。

协调器以组播方式发送数据，则只有组中的节点才能收到此数据,组外节点则收不到此数据。路由器/终端节点以组播方式发送数据，无论协调器是否在组中，均可收到数据。在其他节点中，只有在组中的节点才能收到此数据，不在组中的节点则收不到此数据。

信道是无线通信时传送数据的通道。在 ZStack 中，信道的定义位于 Toos 组中的 f8wConfg.cfg 文件中。信道的默认值是 11 信道，修改信道的方法是，将信道表中第 11 信道的定义行注释掉，然后取消某个信道定义行的注释。

在 ZigBee 网络中，PAN ID 用来标志不同的 ZigBee 网络，PAN ID 的有效值范围是 0x0000～0x3fff。在 ZStack 中，PAN ID 的定义位于 Toos 组中的 f8wConfg.cfg 文件中，修改 PAN ID 的方法是，将 ZDO_CONFIG_PAN_ID 参数的值设置成指定值。

习题

1. 在 ZStack 中，信道的配置位于_____组的_____文件中，默认的信道为_____。
2. 在 ZStack 中，PAN ID 的默认值为_____，其含义是_____。
3. 将端口 SAMPLEAPP_ENDPOINT 添加至 group 组中的语句是_____。
4. 请写出将端口 SAMPLEAPP_ENDPOINT 从组 ID 号为 SAMPLEAPP_GROUP 组中删除的程序段。
5. 举例说明组播通信的实现方法。
6. 简述将 PAN ID 设置为 0x0045 的方法，并上机实践。
7. 简述将信道号设置成 13 信道的方法，并上机实践。
8. 编程实现以下网络功能，并上机实践。

用 3 块 ZigBee 模块组建一个专用的无线网络，网络的 ID 号为 0x1234。模块 A 作协调器，模块 B、模块 C 作终端节点。计算机通过串口与网络中的协调器相连，用来控制网络中各相关节点上的 LED1 灯。其中，计算机的串口命令为 ai（i=1、2）时，表示对全网络中的 LED1 进行控制，协调器以广播方式发送控制命令；串口命令为 gi（i=1、2、3、4）时，表示分组控制，协调器分别加入 AB 组或 AC 组，并以组播方式发送控制命令，各控制命令的含义如表 6-1 所示。

表 6-1 串口命令和网络中的控制命令

串口命令	含义	协调器的命令	数据传播方式
'a1'	B、C 的 LED1 点亮	0x11	广播
'a2'	B、C 的 LED1 熄灭	0x12	广播
'g1'	B 的 LED1 点亮，C 的状态不变	0x11	AB 组播
'g2'	B 的 LED1 熄灭，C 的状态不变	0x12	AB 组播
'g3'	C 的 LED1 点亮，B 的状态不变	0x11	AC 组播
'g4'	C 的 LED1 熄灭，B 的状态不变	0x12	AC 组播

项目 7 用 NV 存储器保存数据

任务要求

计算机用串口与协调器相连,计算机向协调器发送写命令时,协调器就将接收到的数据写入 NV 存储器中。计算机发送读命令时,协调器就将存入 NV 存储器的用户数据读取出来,并送回计算机中显示。其中,读数命令为字符"RD",写数命令为字符"WR",读写命令的格式如表 7-1 所示。

表 7-1 读写命令的格式

字节	1~2	3~4	5~len+4
写数	命令代码"WR"	写入数据的长度 len	len 字节的待写入数据
读数	命令代码"RD"	读出数据的长度 len	无效

例如,向 NV 存储器写入数据"浙江省",则用串口发送的命令为"WR06浙江省"。

相关知识

1. NV 存储器

NV 是 non-volatile 的缩写,NV 存储器是指非易失性存储器。NV 存储器的特点是,数据写入 NV 存储器后,即使系统断电,数据也不会丢失。单片机的 Flash 存储器就是 NV 存储器。

为了便于管理,ZStack 将单片机的 NV 存储器划分为若干区域,不同的区域存放不同的数据。每个区域叫做一个条目(item),区域的首地址叫做条目的 ID 号。在 ZStack-CC2530-2.5.1a 中,NV 存储器的各区域的规划位于 OSAL 组的 ZComDef.h 中。其中,地址 0x0401~0x0FFF 的区域为用户自定义区,用户只能在这个区域内定义自己的条目。其他地址区供 ZStack 使用或者保留给以后扩展用,用户不可在这部分区域内定义自己的条目。ZStack-CC2530-2.5.1a 中 NV 存储器的区域划分如表 7-2 所示。

表 7-2 NV 存储器的区域划分

地址范围	作用
0x0000	保留

续表

地址范围	作　用
0x0001~0x0020	操作系统抽象层（OSAL）NV 条目
0x0021~0x0040	网络层（NWK）NV 条目
0x0041~0x0060	应用程序支持子层（APS）NV 条目
0x0061~0x0080	安全 NV 条目
0x0081~0x0090	ZigBee 设备对象（ZDO）NV 条目
0x0091~0x00A0	ZigBee 簇群库（ZCL）NV 条目
0x00A1~0x00B0	非标准的 NV 条目
0x00B1~0x0400	保留给通信起动、APS 链接密钥表等使用
0x0401~0x0FFF	用户使用区，供用户自定义条目用
0x1000~0xFFFF	保留

在协议栈中使用 NV 存储器的方法是，先在 ZComDef.h 文件中定义自己的条目 ID，然后在应用程序中对自定义的条目进行初始化，最后是对已初始化的条目进行读写访问。其中，定义条目 ID 的方法是，用 define 定义一个符号，使符号所代表的数为 NV 中用户使用区的某个地址值。例如，下面的定义就是定义一个用户测试 NV 的条目 USER_TEST_NV_ITEM，其条目 ID 为 0x0401。

#define USER_TEST_NV_ITEM   0x0401   //定义用户测试条目

2. osal_nv_item_init（ ）函数

osal_nv_item_init（ ）函数的定义位于 OSAL_Nv.c 文件中，函数的原型说明如下：

uint8 osal_nv_item_init（ uint16 id, uint16 len, void *buf ）;

该函数的功能是，指定条目的大小，并对条目进行初始化。若指定的条目不存在，则先创建条目，再对条目进行初始化。函数中各参数的含义如下。

- id：所要初始化条目的 ID 号。
- len：指定条目的长度。
- buf：初始化数据所存放的缓冲区，若不对条目进行初始化，则此参数设为 NULL。

该函数的返回值为初始化的结果，共有 3 个值，其含义如下：

- NV_ITEM_UNINIT：条目不存在，但已成功创建。
- SUCCESS：条目已存在。
- NV_OPER_FAILED：操作失败。

【使用说明】

① osal_nv_item_init（ ）函数以及我们即将要讲的 osal_nv_read（ ）函数、osal_nv_write（ ）函数，它们的定义位于 OSAL 组的 OSAL_Nv.c 文件中，函数的说明位于 OSAL_Nv.h

文件中。若要使用这些函数，则需在程序文件的开头处加上包含头文件的语句"#include OSAL_Nv.h"。

② 在对条目读写之前，必须先用此函数对所要读写的条目进行初始化。

③ 条目初始化函数一般放在应用初始化函数中。

例如，创建长度为 100 字节的 USER_TEST_NV_ITEM 条目的程序如下：

osal_nv_item_init（USER_TEST_NV_ITEM, 100, NULL）;

3. osal_nv_read（ ）函数

该函数的原型说明如下：

uint8 osal_nv_read（ uint16 id, uint16 ndx, uint16 len, void *buf ）;

该函数的功能是，在指定条目中，从指定位置处开始读取若干字节数据，并存入指定的缓冲区中。该函数中各参数的含义如下。

- id：所要读取的条目编号。
- ndx：数据在条目中的偏移地址。
- len：所要读取字节数。
- buf：数据存放缓冲区。

该函数的返回值为读操作的结果，共有 2 个值，其含义如下。

- SUCCESS：从 NV 中读数成功。
- NV_OPER_FAILED：操作失败。

例如，在 NV 的 USER_TEST_NV_ITEM 条目中从第 6 字节开始读取 50 字节的数据至 buf 缓冲区的程序如下：

uint8 buf[50];
osal_nv_read（USER_TEST_NV_ITEM, 6, 50, buf）;

4. osal_nv_write（ ）函数

该函数的原型说明如下：

uint8 osal_nv_write（ uint16 id, uint16 ndx, uint16 len, void *buf ）;

该函数的功能是，向指定条目中指定位置处写入若干字节的数据，函数中各参数的含义如下。

- id：所要写数的条目编号。
- ndx：数据在条目中的偏移地址。

- len：所要写入的字节数。
- buf：源数据存放缓冲区。

该函数的返回值为读操作的结果，共有 3 个值，其含义如下
- SUCCESS：写数成功。
- NV_ITEM_UNINIT：NV 中条目不存在且偏移地址非 0。
- NV_OPER_FAILED：操作失败。

实现方法与步骤

本例的功能要求比较简单，只需一个协调器就可以实现。本例中所涉及到的程序文件主要有 ZComDef.h、OSAL_SampleApp.c、Coordinator.h、Coordinator.c 共 4 个文件，其中 OSAL_SampleApp.c、Coordinator.h 与项目 3 中的对应文件的内容完全相同。本例的操作步骤与项目 3 中的操作步骤相同，也是先编写程序，然后对程序进行编译，再下载到协调器中运行。为了节省篇幅，我们对这些相同的部分不再介绍，请读者参考前面的内容自行完成。

1. 定义用户条目

定义用户条目的操作方法如下：
① 打开 OSAL 组中的 ZComDef.h 文件。
② 在 ZComDef.h 文件的用户应用区内定义 USER_TEST_NV_ITEM 条目，其首地址为 0x0401，如图 7-1 所示。

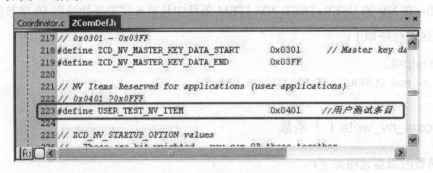

图 7-1　定义用户条目

2. 编制协调器的程序文件

Coordinator.c 文件的内容与项目 3 中 Coordinator.c 文件的内容基本相同，其差别主要是串口接收程序不同，另外，在应用初始化程序中增加了 NV 存储器初始化代码。

Coordinator.c 文件的内容如下：

```
1   /*****************************************************************
2                  项目 7  在协议栈中实现 NV 操作
3                      协调器程序（Coordinator.c）
4   *****************************************************************/
5   #include "OSAL.h"                            //59
6   #include "ZGlobals.h"                        //60
7   #include "AF.h"                              //61
8   //#include "aps_groups.h"                    //62
9   #include "ZDApp.h"                           //63
10  #include "Coordinator.h"                     //65 改
11  #include "OnBoard.h"                         //68
12  #include "hal_led.h"                         //72
13  #include   "OSAL_Nv.h"                      //加
14
15  #define USER_UART_EVT 0x0001                 //加 用户事件:串口发送数据
16  uint8 UsartBuf[104];                         //加 串口缓冲区:存放接收或发送的数据
17  //簇列表
18  //const cId_t SampleApp_ClusterList[SAMPLEAPP_MAX_CLUSTERS] =//92
19  //{                                          //93
20  //   SAMPLEAPP_PERIODIC_CLUSTERI              //94
21  //};                                         //96
22  //简单端口描述
23  const SimpleDescriptionFormat_t SampleApp_SimpleDesc =//98
24  {                                            //99
25     SAMPLEAPP_ENDPOINT,                       //100  端口号
26     SAMPLEAPP_PROFID,                         //101  应用规范 ID
27     SAMPLEAPP_DEVICEID,                       //102  应用设备 ID
28     SAMPLEAPP_DEVICE_VERSION,                 //103  应用设备版本号（4bit）
29     SAMPLEAPP_FLAGS,                          //104  应用设备标志（4bit）
30     0,                                        //105 改 输入簇命令个数
31     (cId_t*) NULL,                            //106 改 输入簇列表的地址
32     0,                                        //107 改 输出簇命令个数
33     (cId_t *) NULL                            //108 改 输出簇列表的地址
34  };                                           //109
35
36  endPointDesc_t SampleApp_epDesc;             //115 应用端口
37  uint8 SampleApp_TaskID;                      //128 应用程序中的任务 ID 号
38  devStates_t SampleApp_NwkState;              //131 网络状态
39  uint8 SampleApp_TransID;                     //133 传输 ID
40
41  void   rxCB（void）;                          //串口接收数据处理程序
42  /*****************************************************************
```

```
43                        应用程序初始化函数
44  ***************************************************************/
45  void SampleApp_Init( uint8 task_id )              //173
46  {                                                  //174
47      halUARTCfg_t   UartConfig;              //加  定义串口配置变量
48      SampleApp_TaskID = task_id;             //175 应用任务(全局变量)初始化
49      SampleApp_NwkState = DEV_INIT;          //176 网络状态初始化
50      SampleApp_TransID = 0;                  //177 传输 ID 号初始化
51      // 应用端口初始化
52      SampleApp_epDesc.endPoint = SAMPLEAPP_ENDPOINT;//213 端口号
53      SampleApp_epDesc.task_id = &SampleApp_TaskID;//214 任务号
54      SampleApp_epDesc.simpleDesc             //215 端口的其他描述
55            = (SimpleDescriptionFormat_t *)&SampleApp_SimpleDesc;//216
56      SampleApp_epDesc.latencyReq = noLatencyReqs;//217 端口的延迟响应
57      afRegister( &SampleApp_epDesc );        //220 端口注册
58
59      //串口配置
60      UartConfig.configured = TRUE;           //加
61      UartConfig.baudRate = HAL_UART_BR_115200;//加 波特率为 115200
62      UartConfig.flowControl  = FALSE;        //加  不进行流控制
63      UartConfig.callBackFunc = NULL;         //加  回调函数:无
64      HalUARTOpen(0,&UartConfig);             //加  按所设定参数初始化串口 0
65      osal_nv_item_init(USER_TEST_NV_ITEM,100,NULL);//加  NV 初始化
66  }
67  /***************************************************************
68                        任务事件处理函数
69  ***************************************************************/
70  uint16 SampleApp_ProcessEvent( uint8 task_id, uint16 events ) //248
71  {                                                  //249
72      afIncomingMSGPacket_t *MSGpkt;          //250 定义指向接收消息的指针
73      (void) task_id;                         //251 未引参数 task_id
74      if ( events & SYS_EVENT_MSG )           //253 判断是否为系统事件
75      {                                       //254
76          MSGpkt = (afIncomingMSGPacket_t *) osal_msg_receive( SampleApp_TaskID );//255 从消息队列中取消息
77          while ( MSGpkt )                    //256 有消息?
78          {                                   //257
79              switch ( MSGpkt->hdr.event )    //258 判断消息中的事件域
80              {                               //259
81                  case ZDO_STATE_CHANGE:      //271 ZDO 的状态变化事件
82                      SampleApp_NwkState = (devStates_t)(MSGpkt->hdr.status);//272 读设备状态
83                      if ( SampleApp_NwkState == DEV_ZB_COORD )   //273 改 若为协调器
84                      {                       //276
85                          osal_set_event(SampleApp_TaskID,USER_UART_EVT);//加
```

```
86                }                                          //281
87                break;                                     //286
88            //在此处可添加系统事件的其他子事件处理
89            default:                                       //288
90                break;                                     //289
91            }                                              //290
92            osal_msg_deallocate（（uint8 *）MSGpkt）;//293 释放消息所占存储空间
93            MSGpkt =（afIncomingMSGPacket_t *）osal_msg_receive（SampleApp_TaskID）;//296
再从消息队列中取消息
94        }                                                  //297
95        return （events ^ SYS_EVENT_MSG）;                 //300 返回未处理的事件
96    }                                                      //301
97    //用户事件处理
98    if （events & USER_UART_EVT）                          //305 改
99    {                                                      //306
100       rxCB（）;                                           //加  串口接收数据处理
101       // 再次触发用户事件
102       osal_start_timerEx（SampleApp_TaskID, USER_UART_EVT,//311 过 0.2s 后再设置事件
103       200）;                                              //312 改
104       return （events ^ USER_UART_EVT）;                 //315 改 返回未处理完毕的事件
105   }                                                      //316
106
107   return 0;                                              //319 丢弃未知事件
108 }                                                        //320
109
110 /******************************************************************
111                   串口接收数据处理函数
112 ******************************************************************/
113 void  rxCB（void）
114 {
115   uint16 len;
116   uint8 n;
117   len=HalUARTRead（0,UsartBuf,104）;
118   if（len>0）
119   {
120     n=（UsartBuf[2]-0x30）*10+UsartBuf[3]-0x30;
121     if（osal_memcmp（UsartBuf,"RD",2））
122     {//读命令
123       osal_nv_read（USER_TEST_NV_ITEM,0,n,UsartBuf）;
124       HalUARTWrite（0,"\r\n",2）;
125       HalUARTWrite（0,"从 NV 中读出的数据如下:",21）;
126       HalUARTWrite（0,"\r\n",2）;
127       HalUARTWrite（0,UsartBuf,n）;
128       HalUARTWrite（0,"\r\n",2）;
```

```
129      }
130      else if（osal_memcmp（UsartBuf,"WR",2））
131      { //写命令
132        HalUARTWrite（0,"\r\n",2）;
133        HalUARTWrite（0,"向 NV 写入",8）;
134        HalUARTWrite（0,&UsartBuf[2],2）;
135        HalUARTWrite（0,"个数据! \r\n",10）;
136        osal_nv_write（USER_TEST_NV_ITEM,0,n,&UsartBuf[4]）;
137        HalUARTWrite（0,"写入的数据为: ",14）;
138        HalUARTWrite（0,&UsartBuf[4],n）;
139        HalUARTWrite（0,"\r\n",2）;
140        HalUARTWrite（0,"向 NV 写数结束!",13）;
141        HalUARTWrite（0,"\r\n",2）;
142      }
143    }
144  }
```

程序编写完毕后，将程序编译并下载到协调器中，打开串口调试助手，然后运行协调器中的程序，我们可以看到串口调试助手中显示协调器的 MAC 地址、网络 ID 号等信息后不再显示任何信息。

用串口调试助手向协调器发送写数命令"WR20 浙江工贸职业技术学院"，协调器就会将数据写入 NV 存储器中，并将其操作结果送回计算机中显示，如图 7-2 所示。在计算机发送的命令中，WR 表示写数操作，20 为写入数据的个数，20 之后的内容为所要写入的数据，共 10 个汉字。

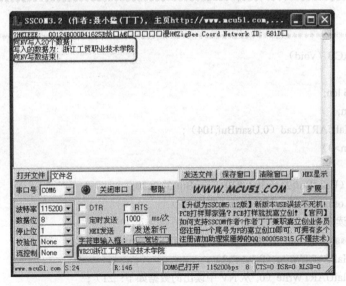

图 7-2 写 NV 的结果

关闭协调器上的电源，然后给协调器上电，再用串口调试助手向协调器发送读数命令

"RD20",从 NV 存储器中读取 20 个字节数据。我们可以看到串口调试助手中就会显示我们所写入的数据,如图 7-3 所示。

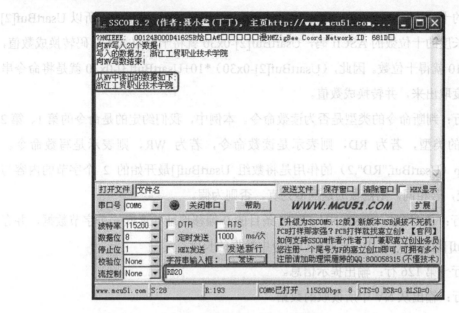

图 7-3 读 NV 的结果

程序分析

本例的程序代码中,多数代码我们已在项目 3 中分析过,在此我们只分析本例中新增加或修改的程序代码。

第 13 行:包含头文件 OSAL_Nv.h。程序中调用了 osal_nv_read()、osal_nv_write()等几个 NV 操作函数,这几个函数的说明位于 OSAL_Nv.h 文件中,所以需要在程序开头处将该文件包含进来。

第 18 行~第 21 行:去掉了簇列表的定义。本例中我们只用了协调器,并不存在协调器与网络中其他节点进行数据通信问题,即不存在无线数据传输问题,所以不必定义簇列表。

第 30 行~第 33 行:本例中,协调器不接收无线数据,所以无输入簇命令,也无输入簇列表,因此第 30 行的输入簇命令的个数应填 0,输入簇列表的地址为空(NULL)。协调器不发送无线数据,所以其输出簇命令的个数应填 0,输出簇列表的地址为空(NULL)。

第 65 行:定义 USER_TEST_NV_ITEM 条目的大小为 100 字节,不设置条目的初值。

第 113 行~第 144 行:串口接收数据处理函数。该函数的总体思路是,先从串口接收缓冲区中读取数据,然后对所接收的数据进行分析判断,若为读数命令,则从 NV 存储器中读数,再送回计算机中显示,若为写数命令,则将数据写入 NV 存储器中,并向计算机发送写操作的结果。

第 120 行：从串口命令中取读/写数据的长度。本例中，我们约定的是命令的第 3 字节为数据长度的十位，第 4 节字为数据长度的个位，数据是用字符表示的。所以 UsartBuf[2] 中保存的是长度的十位数的 ASCII 码，UsartBuf[2]-0x30 就将十位数 ASCII 码转换成数值，该数再乘以 10 就得十位数。因此，（UsartBuf[2]-0x30）*10+UsartBuf[3]-0x30 就是将命令串中的数据长度取出来，并转换成数值。

第 121 行：判断命令的类型是否为读数命令。本例中，我们约定的是命令的第 1、第 2 字节为命令的类型，若为 RD，则表示是读数命令，若为 WR，则表示写数命令。osal_memcmp（UsartBuf,"RD",2）的作用是将数组 UsartBuf[]最开始的 2 个字节的内容与 RD 进行比较，若相同，则函数的返回值为真，否则为假。

第 123 行：从 USER_TEST_NV_ITEM 条目的 0 偏移地址处读取 n 个字节数据，并存放至 UsartBuf[]数组中，其中，n 为串口命令中数据的长度。

第 124 行～第 126 行：输出提示信息。

第 127 行：输出从 NV 中所读取的数据。

第 128 行：输出回车换行符

第 130 行：判断命令类型是否为写数命令。

第 131 行～第 135 行：输出操作提示信息。其中第 134 行输出的是串口命令中第 3、第 4 字节的内容，即数据的长度。

第 136 行：从 USER_TEST_NV_ITEM 条目的 0 偏移地址处开始写入用户输入的数据，所写入数据的个数为命令中所指定的长度 n。在串行命令中，第 1～第 4 字节为命令类型、数据长度，第 5 字节开始则为所需保存的数据。因此数组 UsartBuf[]中，元素 UsartBuf[4] 为所需保存数据的首字节，&UsartBuf[4]为其地址。

第 137 行～第 141 行：输出操作的提示信息。

实践拓展

为了进一步探究 NV 存储器的作用，下面我们在本例的基础上再做 1 个读取节点的 MAC 地址实验，请读者观察实验现象，并弄清楚 ZComDef.h 文件中所定义的系统条目的作用。

读取节点的 MAC 地址

操作方法如下：

第 1 步：打开 OSAL 组中的 ZComDef.h 文件，研究文件中的条目定义。其中，第 98

行"#define ZCD_NV_EXTADDR   0x0001"定义的是节点的扩展地址条目,即节点的 MAC 地址条目。

第 2 步:用 ZCD_NV_EXTADDR 替换 Coordinator.c 文件中第 123 行的 USER_TEST_NV_ITEM。这样,当我们用串口调试助手发送写命令时所写入的数据存放至用户条目中,发送读命令时,所读出的数据是 ZStack 中定义的 ZCD_NV_EXTADDR 条目存储区中的内容。

第 3 步:重新编译程序,并将程序下载至协调器中。

第 4 步:在 Coordinator.c 文件的第 124 行处设置一个断点,如图 7-4 所示。

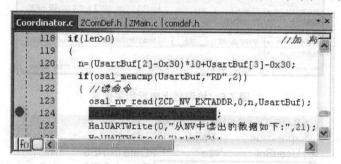

图 7-4　设置断点

第 5 步:在观察窗口中设置观察的变量。

① 单击菜单栏上的"View"→"Watch"菜单项,打开"Watch"窗口即观察窗口。

② 在"Watch"窗口中单击"Expression"列中带虚线框的单元格,光标就会移入该单元格中,表示当前可在该单元格中输入所要观察的变量。

③ 在"Expression"列中输入"UsartBuf",然后按回车键,如图 7-5 所示。

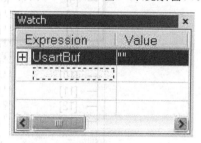

图 7-5　输入所要观察的变量

第 6 步:将计算机的串口与协调器的串口相连,打开串口调试助手。

第 7 步:全速运行协调器中的程序。我们可以看到串口调试助手中会显示协调器上电运行后的相关信息,如图 7-6 所示。其中,"IEEE:"后面的 16 个字符为节点的 MAC 地址,"ZigBee Coord Network ID:"后面的 4 个字符为网络的 PAN ID。

第 8 步:用串口调试助手向协调器发送读数命令"RD20",我们可以看到程序运行至第 124 行处就会停下。

第 9 步:在"Watch"窗口中单击"UsartBuf"前面的"+"号,使窗口中显示数组 UsartBuf[] 中各元素的当前值。我们可以看到 UsartBuf[] 中元素 UsartBuf[0]~UsartBuf[7] 的内容与协调器上电所输出的 MAC 地址信息相同,如图 7-7 所示。

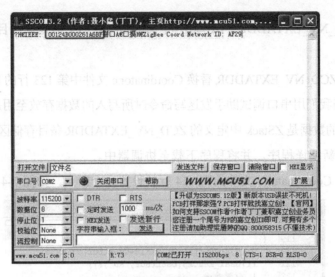

图 7-6 协调器上电后相关信息

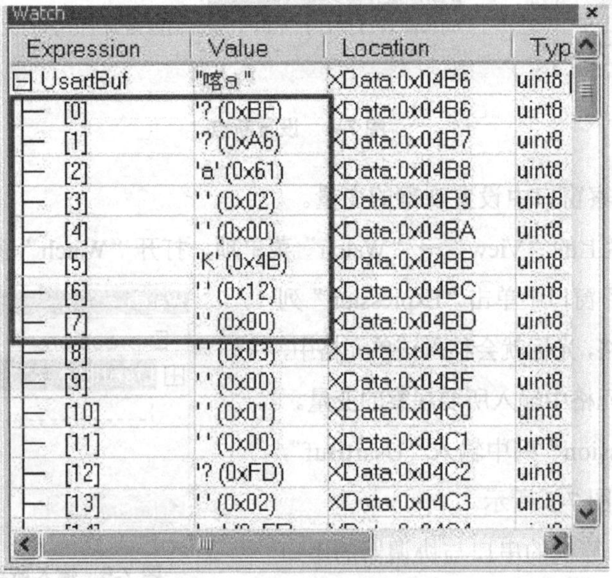

图 7-7 数组 UsartBuf[] 中各元素的值

这个实验表明，节点的 MAC 地址保存在 NV 存储器中。在 NVZComDef.h 文件中，第 98 行中 "#define ZCD_NV_EXTADDR 0x0001" 定义的是节点的 MAC 地址条目。

实践总结

NV 存储器是一种非易失的存储器，主要用来保存系统的运行参数，例如节点的 MAC 地址，以便节点复电后仍以断电前的状态运行。

对 NV 存储器的操作主要有 3 步：第 1 步是在 ZComDef.h 文件中用#define 指令定义用

户条目；第2步是在应用初始化程序中用osal_nv_item_init（）函数设置条项存储区的大小；第3步是在需要读写NV存储区时用osal_nv_read（）函数和osal_nv_write（）函数对已定义的条目存储区进行读写操作。

进行NV存储器操作时需要注意的问题是：①在进行读写操作之前，必须先定义条目，并指定了条目存储器的大小。②在定义用户条目时，条目的ID号必须是ZStack保留给用户的条目ID号。③ZStack中所定义的系统条目主要是供系统运行使用的，用NV操作的方法虽然可以任意读取这些条目的内容，但是，为了防止运行的错误，在对ZStack研究不是非常透彻的情况下，用户一般不要改写这些保留给系统使用的条目。

习题

1. 在ZStack中，规划NV存储器各区域的代码位于_____组的_____文件中。

2. 若用户条目USER_NV_ITEM的条目ID为0x0408，则定义用户条目USER_NV_ITEM的语句为_____。

3. 创建一个长度为50字节的USER_NV_ITEM条目，其语句为_____。

4. 在NV的USER_NV_ITEM条目中从第8字节开始读取20字节的数据至buf缓冲区的语句是_____。

5. 将数组buf[]中从元素buf[3]开始的20字节数据写入USER_NV_ITEM条目从0偏移地址开始的存储区的语句是_____。

6. 程序中若需使用NV操作函数，则需在程序的开头处包含头文件_____。其语句是_____。

7. 简述NV存储器的使用方法。

项目 8　显示节点的地址

任务要求

用 2 个 ZigBee 模块组建一个无线网络，模块 A 作协调器，模块 B 作路由器，路由器通过串口与计算机相连，串行通信的 BR=115200bps。路由器加入网络后将自己的网络地址、MAC 地址以及父节点的网络地址、MAC 地址发送到计算机中显示。

相关知识

1. 协议栈中地址的分配机制

在 ZigBee 网络中，协调器的网络地址是在协调器建立网络后由协调器给自己分配的，其地址为 0x0000，路由器和终端节点的网络地址是这些设备加入网络后由其父节点分配的，父节点给子节点分配网络地址时有 2 种分配方式，第 1 种是随机分配，第 2 种是分布式分配。

（1）随机分配

随机分配的特点是，父节点在给子节点分配网络地址时，从尚未分配过的网络地址中随机选择一个地址分配给子节点，子节点得到这个网络地址后，如果子节点没有收到其地址与其他节点的地址相冲突的声明，子节点将一直使用这个网络地址。

（2）分布式分配

分布式分配的特点是，父节点依据以下 3 个参数给子节点分配网络地址。

① D_m：网络的最大深度。

② R_m：每个父节点拥有的孩子路由器数的最大值。

③ C_m：每个父节点拥有的孩子节点（子路由器与子终端节点）数的最大值。

地址分配的算法如下：

设路由器 A 位于网络深度为 d 的节点上，其网络地址为 Ap，该路由器下各子路由器的网络地址的间隔为 K（d），则

$$K(d) = \begin{cases} 1 + C_m \times (D_m - d - 1) & R_m = 1 \\ \dfrac{R_m + C_m \times R_m^{D_m-d-1} - C_m - 1}{R_m - 1} & R_m \neq 1 \end{cases}$$

第 n（n=1、2、…）个子路由器的网络地址为 $A_p+1+(n-1)\times K(d)$。

该路由器下各子终端节点的网络地址连续，第 n（n=1、2、…）个终端节点的网络地址为 $A_n=A_p+R_m\times K(d)+n$。

例如，在图 8-1 所示的网络中，协调器是路由器 1、路由器 2、终端节点 1、终端节点 2 的父节点，路由器 1、路由器 2、终端节点 1、终端节点 2 是协调器的子节点，其中路由器 1、路由器 2 是协调器的子路由器。在图 8-1 所示的网络中，网络的最大深度为 3，第 0 层为协调器。第 1 层由路由器 1、路由器 2、终端节点 1、终端节点 2 组成，共 4 节点，其中，路由器 2 个。第 2 层由路由器 3、路由器 4、终端节点 3、终端节点 4、终端节点 5 组成，共 5 个节点，其中路由器 2 个。因此，此网络中，$D_m=3$，$R_m=2$，$C_m=5$。

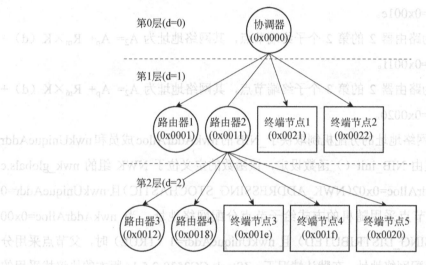

图 8-1 网络拓扑结构

网络中，各子路由器的网络地址的间隔 K（d）为：

$$K(d)=\frac{R_m+C_m\times R_m^{D_m-d-1}-C_m-1}{R_m-1}=\frac{2+5\times 2^{3-d-1}-5-1}{2-1}=5\times 2^{2-d}-4$$

$K(0)=16$

$K(1)=6$

$K(2)=1$

协调器下各子路由器（路由器 1、路由器 2）的网络地址的间隔为 $K(0)=16$。

路由器 1 为协调器的第 1 个子路由器，其网络地址为 $A_p+1+(n-1)\times K(d)=0x0000+1+(1-1)\times 16=0x0001$。

路由器 2 为协调器的第 2 个子路由器，其网络地址为 $A_p+1+(n-1)\times K(d)=0x0000+1+(2-1)\times 16=0x0011$。

终端节点 1 为协调器的第 1 个子终端节点，其网络地址为 $A_1=A_p+R_m\times K(d)+$

n=0x0000+2×16+1=0x0021。

终端节点 2 为协调器的第 2 个子终端节点，其网络地址为 $A_2= A_p+ R_m×K (d) +$ n=0x0000+2×16+2=0x0022。

路由器 2 下各子路由器的网络地址的间隔为 K（1）=6。

路由器 3 为路由器 2 的第 1 个子路由器，其网络地址为 $A_p+1+(n-1)×K(d)=0x0011+1+$ (1-1)×6=0x00012。

路由器 4 为路由器 2 的第 2 个子路由器，其网络地址为 $A_p+1+(n-1)×K(d)=0x0011+1+$ (2-1)×6=0x00018。

终端节点 3 为路由器 2 的第 1 个子终端节点，其网络地址为 $A_1= A_p+ R_m×K (d) +$ n=0x0011+2×6+1=0x001e。

终端节点 4 为路由器 2 的第 2 个子终端节点，其网络地址为 $A_2= A_p+ R_m×K (d) +$ n=0x0011+2×6+2=0x001f。

终端节点 5 为路由器 2 的第 3 个子终端节点，其网络地址为 $A_2= A_p+ R_m×K (d) +$ n=0x0011+2×6+3=0x0020。

在 ZStack 中，网络地址的分配机制取决于_NIB 的 nwkAddrAlloc 成员和 nwkUniqueAddr 成员的取值，其值由 NIB_init（）函数设定，该函数的定义位于 NWK 组的 nwk_globals.c 文件中。当 nwkAddrAlloc=0x02（NWK_ADDRESSING_STOCHASTIC）且 nwkUniqueAddr=0（FALSE）时，父节点采用随机的方式给子节点分配网络地址。当 nwkAddrAlloc=0x00（NWK_ADDRESSING_DISTRIBUTED）且 nwkUniqueAddr=1（TRUE）时，父节点采用分布方式给子节点分配网络地址。在默认情况下，ZStack-CC2530-2.5.1a 版本的协议栈采用的是随机分配机制进行网络地址分配。

2. 获取地址的相关函数

获取节点地址的函数主要有 NLME_GetShortAddr（）、NLME_GetExtAddr（）、LME_GetCoordShortAddr（）、NLME_GetCoordExtAddr（）4 个函数，ZStack 中并没有开放这 4 个函数的源代码，只是在 NLMEDE.h 文件中给出了这 4 个函数的说明。

（1）NLME_GetShortAddr（）函数

NLME_GetShortAddr（）函数的原型说明如下：

```
uint16 NLME_GetShortAddr（ void ）;
```

该函数的功能是，获取节点的短地址（网络地址）。函数的返回值是 16 位的网络地址。例如，将节点的网络地址保存至变量 nwk 中的程序如下：

```
uint16  nwk;                    //定义变量
nwk=NLME_GetShortAddr( );  //获取节点的网络地址，并存入变量中
```

（2）NLME_GetExtAddr（）函数

NLME_GetExtAddr（）函数的原型说明如下：

```
byte *NLME_GetExtAddr（ void ）;
```

该函数的功能是，获取节点的扩展地址（MAC 地址）。函数的返回值是指向节点扩展地址的指针。

使用该函数时需要注意的问题是，扩展地址是 64 位的二进制数，需用 8 字节的存储空间保存，在实际应用中一般是用一个带有 8 个元素的无符号数符型数组来保存扩展地址的。例如，下面的程序实现的功能就是获取节点的 MAC 地址，并存放至数组 myMAC[]中。

```
uint8 myMAC[8];
myMAC=NLME_GetExtAddr（）;
```

（3）NLME_GetCoordShortAddr（）函数

NLME_GetCoordShortAddr（）函数的原型说明如下：

```
uint16 NLME_GetCoordShortAddr（ void ）;
```

该函数的功能是，获取节点的父节点的短地址（网络地址）。函数的返回值是父节点的 16 位网络地址。例如，将父节点的网络地址保存至变量 nwk 中的程序如下：

```
uint16  nwk;                           //定义变量
nwk= NLME_GetCoordShortAddr（）;//获取父节点的网络地址，并存入变量中
```

（4）NLME_GetCoordExtAddr（）函数

NLME_GetCoordExtAddr（）函数的原型说明如下：

```
void NLME_GetCoordExtAddr（ byte * ）;
```

该函数的功能是，获取节点的父节点的扩展地址（MAC 地址）。函数的参数是父节点扩展地址的缓冲区指针。例如，下面的程序实现的功能就是获取父节点的 MAC 地址，并存放至数组 buf[]中。

```
uint8 buf[8];                    //存放父节点的 MAC
NLME_GetCoordExtAddr（buf）;//获取节点的 MAC（64 位）
```

实现方法与步骤

按照任务要求，我们需要编写协调器和路由器 2 个节点的程序，但本例的协调器除了

组建网络以外,并无其他功能,我们可以将协调器应用程序和路由器的应用程序合编成一个程序。由于网络地址和 MAC 地址都是二进制数,串口调试助手中只能显示字符,因而需要编写十六进制数转换成字符串的程序,考虑到其他项目中还需要使用这些转换程序,我们将这些数值转换程序编制成一个程序文件。综合上述,本例中所需编制的程序文件有节点的程序文件和数值转换程序文件。

1. 编制节点的程序文件

节点的程序文件包括 Coordinator.c、Coordinator.h、OSAL_SampleApp.c 3 个文件,其中,Coordinator.h、OSAL_SampleApp.c 文件的内容与前面项目中的对应文件的内容相同。本例中 Coordinator.c 文件的内容如下:

```
1   /************************************************************************
2                          项目 8   显示节点的地址
3                     协调器/路由器/终端节点程序(Coordinator.c)
4   ************************************************************************/
5   #include "OSAL.h"                            //59
6   #include "ZGlobals.h"                        //60
7   #include "AF.h"                              //61
8   #include "ZDApp.h"                           //63
9   #include "Coordinator.h"                     //65
10  #include "OnBoard.h"                         //68
11  #include "hal_led.h"                         //72
12  #include "NLMEDE.h"                          //加
13  #include  "num.h"                            //加
14  #include  "string.h"                         //加
15
16  #define USER_DISP_EVT 0x0002                 //加 用户事件:显示信息
17  //数据类型定义        加
18  typedef struct
19  { uint8 myNWK[4];
20    uint8 myMAC[16];
21    uint8 pNWK[4];
22    uint8 pMAC[16];
23  }ZDOAddr;
24
25  uint8 UsartBuf[50];                          // 串口缓冲区:存放接收或发送的数据
26  //簇列表
27  //const cId_t SampleApp_ClusterList[SAMPLEAPP_MAX_CLUSTERS] =//92
28  //{                                          //93
29  //   SAMPLEAPP_PERIODIC_CLUSTERID,           //94
```

```
30    //};                                                      //96
31    //简单端口描述
32    const SimpleDescriptionFormat_t SampleApp_SimpleDesc =    //98
33    {                                                          //99
34      SAMPLEAPP_ENDPOINT,                                      //100  端口号
35      SAMPLEAPP_PROFID,                                        //101  应用规范 ID
36      SAMPLEAPP_DEVICEID,                                      //102  应用设备 ID
37      SAMPLEAPP_DEVICE_VERSION,                                //103  应用设备版本号（4bit）
38      SAMPLEAPP_FLAGS,                                         //104  应用设备标志（4bit）
39      0,                                                       //105  输入簇命令个数
40      （cId_t *）NULL,                                          //106  输入簇列表的地址
41      0,                                                       //107  输出簇命令个数
42      （cId_t *）NULL                                           //108  输出簇列表的地址
43    };                                                         //109
44
45    endPointDesc_t SampleApp_epDesc;                           //115 应用端口
46    uint8 SampleApp_TaskID;                                    //128 应用程序中的任务 ID 号
47    devStates_t SampleApp_NwkState;                            //131 网络状态
48    uint8 SampleApp_TransID;                                   //133 传输 ID
49
50    void  DispAddr（void）;
51    /*****************************************************************
52                    应用程序初始化函数
53    *****************************************************************/
54    void SampleApp_Init（ uint8 task_id ）                      //173
55    {                                                           //174
56      halUARTCfg_t   UartConfig;                                //加 定义串口配置变量
57      SampleApp_TaskID = task_id;                               //175 应用任务（全局变量）初始化
58      SampleApp_NwkState = DEV_INIT;                            //176 网络状态初始化
59      SampleApp_TransID = 0;                                    //177 传输 ID 号初始化
60      // 应用端口初始化
61      SampleApp_epDesc.endPoint = SAMPLEAPP_ENDPOINT;//213 端口号
62      SampleApp_epDesc.task_id = &SampleApp_TaskID;//214 任务号
63      SampleApp_epDesc.simpleDesc                               //215 端口的其他描述
64           =（SimpleDescriptionFormat_t *）&SampleApp_SimpleDesc;//216
65      SampleApp_epDesc.latencyReq = noLatencyReqs;//217 端口的延迟响应
66      afRegister（ &SampleApp_epDesc ）;              //220 端口注册
67
68      //串口配置
69      UartConfig.configured = TRUE;                             //加
70      UartConfig.baudRate = HAL_UART_BR_115200;//加 波特率为 115200
71      UartConfig.flowControl  = FALSE;                          //加 不进行流控制
72      UartConfig.callBackFunc = NULL;                           //加 回调函数:无
73      HalUARTOpen（0,&UartConfig）;                             //加 按所设定参数初始化串口 0
```

```
74   }
75   /******************************************************************
76                         任务事件处理函数
77   ******************************************************************/
78   uint16 SampleApp_ProcessEvent（uint8 task_id, uint16 events） //248
79   {                                              //249
80     afIncomingMSGPacket_t *MSGpkt;               //250 定义指向接收消息的指针
81     （void）task_id;                              //251 未引参数 task_id
82     if（events & SYS_EVENT_MSG）                  //253 判断是否为系统事件
83     {                                            //254
84       MSGpkt =（afIncomingMSGPacket_t *）osal_msg_receive
         （SampleApp_TaskID）; //255 从消息队列中取消息
85       while（MSGpkt）                            //256 有消息?
86       {                                          //257
87         switch（MSGpkt->hdr.event）               //258 判断消息中的事件域
88         {                                        //259
89           case ZDO_STATE_CHANGE:                 //271 ZDO的状态变化事件
90             SampleApp_NwkState =（devStates_t）(MSGpkt->hdr.status);//272 读设备状态
91             if（(SampleApp_NwkState == DEV_ZB_COORD)//273 若为协调器
92                 ||（SampleApp_NwkState == DEV_ROUTER）//274 路由器
93                 ||（SampleApp_NwkState == DEV_END_DEVICE））//275 或终端节点
94             {                                    //276
95               DispAddr（）;
96             }                                    //281
97             break;                               //286
98           //在此处可添加系统事件的其他子事件处理
99           default:                               //288
100            break;                               //289
101        }                                        //290
102        osal_msg_deallocate（(uint8 *)MSGpkt）;//293 释放消息所占存储空间
103        MSGpkt =（afIncomingMSGPacket_t *）osal_msg_receive
         （SampleApp_TaskID）;//296 再从消息队列中取消息
104      }                                          //297
105      return（events ^ SYS_EVENT_MSG）;           //300 返回未处理的事件
106    }                                            //301
107    //用户事件处理
108
109    return 0;                                    //319 丢弃未知事件
110  }                                              //320
111  /******************************************************************
112                        显示地址函数
113  ******************************************************************/
114  void DispAddr（void）
```

```
115    {
116        ZDOAddr address;
117        uint16  nwk;
118        uint8 buf[8];                                           //存放父节点的 MAC
119
120        nwk=NLME_GetShortAddr（）;                              //获取本节点的网络地址
121        HexToString（address.myNWK,（uint8*）&nwk,2）;         //16位的网络地址转换成4字
           节的字节符串
122        HexToString（address.myMAC,NLME_GetExtAddr（）,8）;//获取节点的 MAC（64
           位),并转换成8字节的字符串
123        nwk=NLME_GetCoordShortAddr（）;                         //获取父节点的网络地址
124        HexToString（address.pNWK,（uint8*）&nwk,2）;          //16位的网络地址转换成4字
           节的字节符串
125        NLME_GetCoordExtAddr（buf）;                            //获取节点的 MAC（64位）
126        HexToString（address.pMAC,buf,8）;                      //8字节16进制数转换成字符串
127
128        //用串口显示地址信息
129        HalUARTWrite（0,"\r\n 地址信息如下:\r\n",17）;           //输出回车换行符
130        HalUARTWrite（0,"myNWK: ",strlen（"myNWK: "））;//输出提示信息
131        HalUARTWrite（0,address.myNWK,4）;                     //输出节点网络地址
132
133        HalUARTWrite（0,"\r\n",2）;                              //输出回车换行符
134        HalUARTWrite（0,"myMAC: ",strlen（"myMAC: "））;//输出提示信息
135        HalUARTWrite（0,address.myMAC,16）;                    //输出节点网络地址
136
137        HalUARTWrite（0,"\r\n",2）;                              //输出回车换行符
138        HalUARTWrite（0,"pNWK: ",strlen（"pNWK: "））;          //输出提示信息
139        HalUARTWrite（0,address.pNWK,4）;                      //输出节点网络地址
140
141        HalUARTWrite（0,"\r\n",2）;                              //输出回车换行符
142        HalUARTWrite（0,"pMAC: ",strlen（"pMAC: "））;          //输出提示信息
143        HalUARTWrite（0,address.pMAC,16）;                     //输出节点网络地址
144    }
```

2. 编制数值转换的程序文件

数值转换的程序文件由 num.c 和 num.h 2 个文件组成。其中 num.c 是源程序文件，num.h 是 num.c 的接口文件，这 2 个文件的编制方法与 Coordinator.c、Coordinator.h 文件的编制方法相同。为了方便日后的开发使用，我们将这 2 个文件存放在一个单独的文件夹中，该文件夹为 user，其路径为"E:\ZigBee\Projects\zstack\Samples\SampleApp\user"。num.c 文件的内容如下：

```c
/***************************************************************
                    数值转换程序
                      num.c
***************************************************************/
#include  "num.h"
/***************************************************************
                uint8 HexToChar（uint8 hex）
功能:4 位二进制数转换成一个字节的字符
参数:
uint8 hex:待转换的 4 位二进制数
按回值:转换后的字符
***************************************************************/
uint8 HexToChar（uint8 hex）
{
    uint8 dst;
    if （hex < 10）{
        dst = hex + '0';
    }else{
        dst = hex -10 +'A';
    }
    return dst;
}
/***************************************************************
        void  HexToString（uint8 *dst,uint8 *src, uint8 len）
功能:多字节的 16 进制数转换成字符串
参数:
uint8 *dst:转换的结果所放的地址
uint8 *src:待转换的 16 进制数
uint8 len:16 进制数的字节数
***************************************************************/
void  HexToString（uint8 *dst,uint8 *src, uint8 len）
{
    uint8 i;
    uint8 *tp;
    tp=src+len-1;
    for（i=0;i<len;i++,tp--）
    {
        *（dst+2*i）=HexToChar（*tp>>4）;
        *（dst+2*i+1）=HexToChar（*tp&0x0f）;
    }
    *（dst+2*i）=0;
}
```

num.h 文件的内容如下

```
1   /*********************************************************************
2                              数值转换程序
3                                  num.h
4   *********************************************************************/
5   #ifndef _NUM_H_
6   #define _NUM_H_
7   #include   "hal_types.h"
8
9   uint8 HexToChar（uint8 hex）;
10  void   HexToString（uint8 *dst,uint8 *src, uint8 len）;
11
12  #endif
```

3. 新建 User 组

num.c 文件是我们编写的数值转换程序，属于用户程序，我们把它归入用户组中。这样就需要在工程中增加一个用户组，我们把这个组的组名叫做 User。新建 User 组的操作步骤如下。

（1）新建组

第 1 步：右击 Workspace 窗口中的"SampleApp"工程名，在弹出的快捷菜单中选择"Add"→"Add Group"菜单项，如图 8-2 所示。窗口中会弹出如图 8-3 所示的"Add Group"对话框。

图 8-2　在工程中添加组

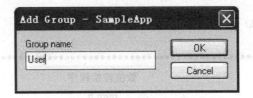

图 8-3　"Add Group"对话框

第 2 步：在"Add Group"对话框的"Group name"文本框中输入组名"User"，然后单击"OK"按钮，SampleApp 工程的文件组中就会增加一个 User 组。

（2）在组中添加文件

右击 Workspace 窗口中的"User"组名，在弹出的快捷菜单中选择"Add"→"Add Files"菜单项，如图 8-4 所示。然后在弹出的"Add Files"对话框中选择刚才所新建的 num.c 文件，再单击"打开"按钮，IAR 就会将 num.c 文件添加到 User 组中。

图 8-4　在 User 组中添加文件

（3）添加 include 目录

第 1 步：右击 Workspace 窗口中的"SampleApp"工程名，在弹出的快捷菜单中选择"Options"菜单项（参考图 8-2），打开如图 8-5 所示的"Options"对话框。

第 2 步：在"Options"对话框中，单击"Category"列表框中的"C/C++ Compiler"列表项，然后单击对话框右边的"Preprocessor"标签。

第 3 步：在"Additional include directories"文件框的尾部插入一个新行，再在新行中输入"$PROJ_DIR$\..\user"，然后单击"OK"按钮，完成 include 目录的添加工作。

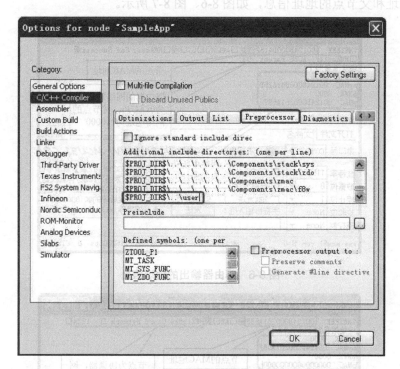

图 8-5 "Options"对话框

【说明】

① 在 Coordinator.c 文件的第 13 行处有包含语句"#include "num.h"",在程序编译前必须在 IAR 中指出 num.h 文件所在的位置,否则程序编译时就会出错。

② 在 IAR 中,$PROJ_DIR$ 表示工程文件所在的目录,\..表示上一级目录。本例中,工程文件所在的目录是"E:\ZigBee\Projects\zstack\Samples\SampleApp\CC2530DB",$PROJ_DIR$ \..表示的目录是"E:\ZigBee\Projects\zstack\Samples\SampleApp",所以 $PROJ_DIR$ \..\user 表示的是 num.h 文件所在的目录"E:\ZigBee\Projects\zstack\Samples \SampleApp\user"。

4. 程序的编译与下载运行

本例中有协调器、路由器 2 个节点,需要将节点程序分类编译,分别生成协调器和路由器的程序,然后分别下载至 2 个 ZigBee 模块中。程序的编译与下载过程与项目 5 相同,在此不再赘述。

程序下载后,用串口线将计算机的串口与协调器、路由器的串口相连,再打开串口调试助手,并设置好串行通信的参数,然后给协调器、路由器上电,串口调试助手中就会显示节点的地址和父节点的地址信息,如图8-6、图8-7所示。

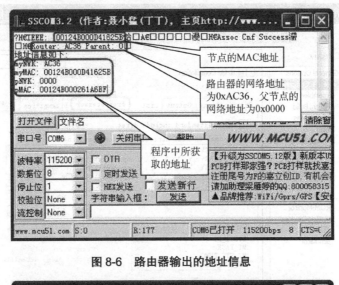

图 8-6　路由器输出的地址信息

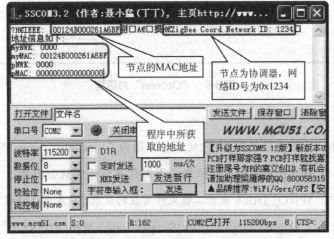

图 8-7　协调器输出的地址信息

在图 8-6 中,第 1 行和第 2 行是路由器上电后的输出信息,其中,"IEEE:00124B000D41625B"的含义是,节点的 MAC 地址为 0x00124B000D41625B,"Router: AC36"的含义是,节点为路由器,其网络地址为 0xAC36,"Parent:0"的含义是,节点的父节的网络地址为 0。第 3 行~第 7 行是节点的应用程序运行后所输出的信息,也就是执行了 DispAddr()函数后的输出信息。

在图 8-7 中,第 1 行是协调器上电后的输出信息,其中,"IEEE:00124B000261A6BF"的含义是,节点的 MAC 地址为 0x00124B000261A6BF;"ZigBee Coord Network ID:1234"的含义是,节点为 ZigBee 网络中的协调器,网络 ID 号为 0x1234。第 2 行~第 6 行是节点执行了 DispAddr()函数后的输出信息。

比较图 8-6、图 8-7 中的地址信息，我们可以看出，程序中所获取的地址信息与节点上电所输出的地址信息是一致的。

我们还可以看出，协调器的父节点的 MAC 地址为 0x0000000000000000，表明协调器是没有父节点的。路由器的网络地址为 0xAC36，如果网络中的地址是按分布式分配的，则其地址应为 0x0001，这就表明本例所用的协议栈（ZStack-CC2530-2.5.1a 版本的协议栈）是采用随机方式分配网络地址。

★ 程序分析

第 12 行：包含头文件 NLMEDE.h。在 Coordinator.c 文件中，我们使用了 NLME_GetShortAddr（）等 4 个获取地址的相关函数，这些函数的说明位于 NLMEDE.h 中，所以在文件的开头处我们要将 NLMEDE.h 包含进来。

第 13 行：包含头文件 num.h。程序中，我们使用了 HexToString（）函数，该函数的说明位于 num.h 中。

第 14 行：包含头文件 string.h。在第 130 行、134 行中我们使用了 strlen（）函数，该函数的说明位于 string.h 中。

第 16 行：定义显示地址信息事件。该事件是用户事件，其代码为 0x0002。

第 18 行~第 23 行：定义结构体类型 ZDOAddr。该类型有 4 个成员，分别用来存放节点的网络地址、MAC 地址、父节点的网络地址、MAC 地址。

第 27 行~第 30 行：取消簇列表定义。本例中，各节点之间无数据传输，因而不必定义簇列表。

第 39 行~第 42 行：端口的输入、输出簇的定义。本例的各节点之间无数据传输，也没有定义簇列表，因而其输入、输出簇命令的个数为 0，簇列表的地址为空（NULL）。

第 50 行：函数 DispAddr（）的说明。该函数的功能是，获取节点、父节点的网络地址和 MAC 地址，转换成可显示的 ASCII 码后，向计算机输出显示。

第 94 行：当协调器组建网后或者路由器、终端节点加入网后，调用 DispAddr（）函数显示地址信息。

第 114 行~第 144 行：DispAddr（）函数的定义。

第 116 行：定义结构体变量 address，该变量为 ZDOAddr 类型的结构体，它有 4 个成员，每个成员都是一个数组，分别用来存放节点的网络地址、节点的 MAC 地址、父节点的网络地址、父节点的 MAC 地址。

第 120 行：用 NLME_GetShortAddr（）函数获取节点的网络地址，并将地址值存放在 nwk 变量中。

第 121 行：将 2 字节的网络地址转换成 4 字节的字符串，并存入 address 的 myNWK 域中。其中，HexToString（）函数的定义位于 num.c 文件中，其功能是将十六进制数转换成字符串。语句中，(uint8 *)&nwk 的含义是，取变量 nwk 的地址，再强制转换成指向 uint8 型变量的指针，也就是转换成 uint8 型变量的地址。nwk 变量的类型是 uint16 型的，&nwk 是 uint16 型变量的地址，并不是 uint8 型变量的地址。在 HexToString（）函数中，第 2 个形参为 uint8 *src，它是指向 uint8 型变量的指针，即 uint8 型变量的地址。所以必须将&nwk 强制转换成 uint8 *型。

第 122 行：用 NLME_GetExtAddr（）函数获取节点的 MAC 地址，然后用 HexToString（）函数将其转换成字符串，并存入 address.pNWK 中。语句中，NLME_GetExtAddr（）是 HexToString（）函数的一个实参。

第 123 行：用 NLME_GetCoordShortAddr（）函数获取父节点的网络地址，并将结果存入变量 nwk 中。

第 124 行：将 nwk 中所存放的父节点的网络地址转换成字符串，并存放至 address 的 pNWK 域中。

第 125 行：用 NLME_GetCoordExtAddr（）函数获取父节点的 MAC 地址，并存放到 buf[]数组中。

第 126 行：将 buf[]数组中的 MAC 地址转换成字符串，并存放至 address 的 pMAC 域中。

第 129 行~第 143 行：用串口输出提示信息以及 address 的各成员的值，即输出所获取的网络地址、MAC 地址。

实践拓展

绘制网络拓扑图

实践的要求如下：

在本例的实践基础上，将本例的程序编译成终端节点程序，并将程序下载到另外 2 个 ZigBee 模块中（一共是 4 个 ZigBee 模块），从串口调试助手中读取各节的网络地址和父节点的网络地址，画出网络中各节点的连接关系图。

实践拓展中共有 4 个节点，协调器与路由器所显示的地址信息如图 8-7、图 8-6 所示，终端节点 1 输出的地址信息如图 8-8 所示，终端节点 2 输出的地址信息如图 8-9 所示。

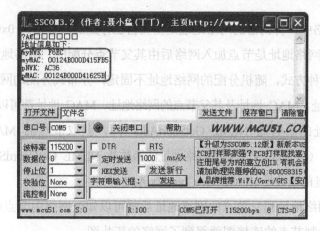

图 8-8 终端节点 1 输出的地址信息

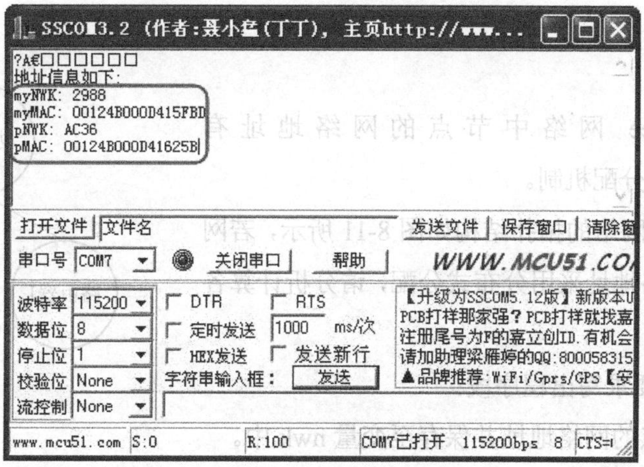

图 8-9 终端节点 2 输出的地址信息

从图 8-7～图 8-9 中可以看出，终端节点 1 的网络地址为 0xF6EC，其父节点的网络地址为 0xAC36。终端节点 2 的网络地址为 0x2988，其父节点的网络地址为 0xAC36。路由器的网络地址为 0xAC36，其父节点的网络地址为 0x0000。协调器的网络地址为 0x0000，所以 2 个终端节点都连接在路由器上，路由器连接在协调器上。根据这些节点的连接关系可以得出网络拓扑结构如图 8-10 所示。

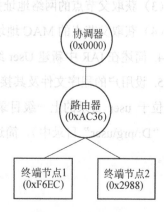

图 8-10 网络拓扑图

实践总结

在 ZigBee 网络中,协调器的网络地址是由其自己分配的,其值为 0x0000,协调器无父节点,其他节点的网络地址是节点加入网络后由其父节点分配的。网络地址的分配有随机分配和分布式分配 2 种方式,随机分配的网络地址不固定,分布式分配的网络地址是固定的。

节点的网络地址、MAC 地址及其父节点的网络地址、MAC 地址都可以用函数来获取,获取节点的网络地址的函数是 NLME_GetShortAddr(),获取节点的 MAC 地址的函数是 NLME_GetExtAddr(),获取父节点的网络地址的函数是 NLME_GetCoordShortAddr(),获取父节点的 MAC 地址的函数是 NLME_GetCoordExtAddr()。

获取节点的网络地址和父节点的网络地址后就可以知道网络中节点的连接关系,依据节点的连接关系绘制节点的连接图就得到了网络的拓扑图。

习题

1. 在 ZigBee 网络中节点的网络地址有_____和_____ 2 种分配机制。

2. 某 ZigBee 网络的拓扑结构如图 8-11 所示,若网络中各节点的网络地址采用分布式分配,请分析计算各节点的网络地址。

3. 请按下列要求写出程序段:

(1) 获取节点的网络地址并保存至变量 nwk 中。

(2) 获取节点的 MAC 地址并保存至数组 mac[]中。

(3) 获取父节点的网络地址并保存至变量 nwk 中。

(4) 获取父节点的 MAC 地址并保存至数组 mac[]中。

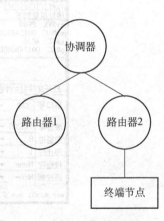

图 8-11 习题 2 图

4. 简述在 IAR 中新建 User 组的操作方法,并上机实践。

5. 设用户的程序文件及其接口文件(.h 文件)位于 user 目录中,IAR 的工程文件所在目录位于 user 目录的上一级目录中(例如,工程文件位于 "D:\prg" 目录中,则程序文件位于 "D:\prg\user" 目录中),简述指定 IAR 在 user 目录中搜寻头文件的操作方法,并上机实践。

项目 9　　制作防盗监测器

🎯 任务要求

用 2 个 ZigBee 模块组建一个无线网络,模块 A 作协调器,模块 B 作终端节点。终端节点上装有人体感应传感器,用来监测室内是否有人进入,每隔 1s 终端节点将其监测的情况发送至协调器。当协调器收到终端节点发来的监测数据就通过串口发送到计算机显示,其中协调器与计算机进行串行通信的波特率为 BR=115200bps。当有人进入感应区时计算机上显示"有人进入!",否则显示"无人进入!"。

👤 相关知识

1. 热释电红外传感器的应用特性

热释电红外传感器是一种用于检测人体辐射红外线的传感器,由探测元件、滤光片等几部分组成,其检测的红外线的波长范围为 7～10μm,常被称为人体传感器。热释电红外传感器具有非接触检测、灵敏度高、反应快等优点,其外型结构如图 9-1 所示。目前市面上的热释电红外传感器已模块化,包括菲涅尔透镜、热释电红外传感器、传感器的接口电路等几部分。热释电红外传感器模块的实物图如图 9-2 所示。

图 9-1　热释电红外传感器

图 9-2　红外传感器模块的实物图

(1) 模块上的接线引脚与调节电位器

为了适用于不同场合,热释电红外传感器模块上除了设有接口引脚 J1 外,还增设了 W1、W2 等 2 个电位器和触发跳线 J2(参考图 9-2)。这些接线引脚与电位器的分布如图 9-3 所示,它们的作用如下。

① W1:延时调节电位器,用来调节人离开感应区时关闭高电平输出的延时时间。

② W2:距离调节电位器,用来调节传感器的探测距离。

③ J1:模块与外部电路的连接引脚。J1 中各引脚的功能如表 9-1 所示。

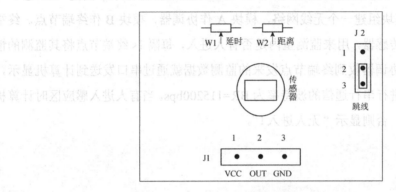

图 9-3　接线引脚的分布

表 9-1　J1 的引脚功能

引脚	符号	功能	使用说明
J1-1	VCC	电源引脚	接 4.5~20V 电源
J1-2	OUT	信号输出引脚	与单片机输入端口相接。有人进入感应区则输出 3.3V,否则输出 0V
J1-3	GND	电源地引脚	接电源地

④ J2:跳线引脚,用来设置传感器的触发方式,它的设置方法如下。

- 1-2 脚短接:不可重复触发,即感应输出高电平后,延时一结束,则输出从高电平变为低电平。

- 2-3 脚短接:可重复触发,即感应输出高电平后,在延时时间内,如果有人体在感应区内活动,其输出将一直保持高电平,直到人体离开感应区后才延时输出低电平。在实际应用中,一般用此触发方式。

【说明】

模块上电后有一个时长大约为 1 分钟的初始化过程。在初始化期间,OUT 引脚会间隔地输出 0~3 次高电平,1 分钟后模块输出低电平,进入待机状态。在实际应用中,一般上电后需延时 60 秒后才能读取模块的输出状态,以防止因模块上电初始化的输出而产生误报现象。

(2) 接口电路

热释电红外传感器模块与单片机的接口电路如图9-4 所示。

在图 9-4 中，CC2530 单片机用 P0_6 作输入口，与传感器模块的 OUT 引脚相接，用来检测传感器模块的输出状态。传感器模块的 VCC 引脚接+5V 电源，GND 引脚接电源地。

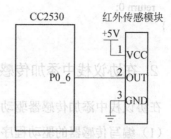

图 9-4 热释电红外传感器模块与单片机的接口电路

(3) 驱动程序

热释电红外传感器模块的驱动程序包括 2 部分：一是初始化与 OUT 引脚相接的单片机 I/O 口，二是读模块的输出状态。以图 9-4 所示的电路为例，初始化与 OUT 引脚相接的单片机 I/O 口的程序如下：

```
/****************************************************************
                     void  InitHumanSensor（void）
功能:初始化热释电传感器 I/O 口
引脚接法:P06 接传感器输出
****************************************************************/
void  InitHumanSensor（void）
{
    P0SEL &= ~（1<<6）;              //P06 为普通 I/O 口
    P0DIR &= ~（1<<6）;              //P06 为输入口
    P0INP &= ~（1<<6）;              //P06 为上拉
}
```

设程序中已将 P0_6 定义为 pHumanSensor，则读模块输出状态的程序如下：

```
/****************************************************************
                   uchar  ReadHumanSensor（void）
功能:读热释电传感器的输出
返回值：    0:有人      1:无人
说明：pHumanSensor：与 OUT 引脚相接的 I/O 口
****************************************************************/
uchar ReadHumanSensor（void）
{
    if（pHumanSensor==0）
    {
        Delayms（10）;
        if（pHumanSensor==0）
        {
            return 1;                    // 无人
        }
    }
}
```

```
    return 0;                          //有人
}
```

2. 在协议栈中添加传感器驱动程序的方法

在协议栈中添加传感器驱动程序的方法如下。

(1) 编写传感器的驱动程序

传感器的驱动程序一般包含 2 个函数，第 1 个函数是初始化函数。该函数的主要功能是初始化与传感器相接的单片机 I/O 口。第 2 个函数是读传感器输出数据函数，简称为读数据函数。

按照传感器输出的数据来分，传感器可分为开关量传感器、模拟量传感器和总线数据型传感器 3 种，不同类型的传感器其初始化函数和读数据函数的编写方法不同。开关量传感器输出的是高低电平，例如本项目中的热释电红外传感器就是这种传感器。对这类传感器的初始化只需将与传感器相接的单片机 I/O 口设置成输入口，并使能其上拉电阻即可，读传感器数据的方法是判断对应的 I/O 口是否为高电平即可。模拟量传感器的输出量是连续变化的模拟量，例如项目 10 中即将要介绍的光敏电阻传感器就属于这种传感器。对于模拟量传感器，初始化所要做的工作是将对应的 I/O 口设置成模拟输入口，并根据传感器的特性设置 ADC 的位数、转换时间、数据对齐方式等，读数据程序所要完成的工作是读 ADC 的转换值。有关模拟传感器的驱动程序编写的实例我们将在项目 10 中再作介绍。对于总线型数据传感器其初始化函数和读数据函数稍微复杂一些，我们将在项目 11 中结合实例再作介绍。

(2) 在协议栈中调用传感器的驱动程序

在协议栈中调用传感器的驱动程序所要做的工作主要有 3 项。第 1 项工作是在节点程序文件的开头处定义一个读传感器数据的事件，其代码如下：

```
#define READ_SENSOR_EVT 0x0001   //读传感器数据事件
```

第 2 项工作是在应用初始化函数的最后调用传感器初始化函数。例如，初始化传感器的函数为 InitSensor()，则应用初始化函数的结构如下：

```
void SampleApp_Init ( uint8 task_id )
{
    …
    InitSensor ();                     //初始化传感器
}
```

第 3 项工作是在应用事件处理函数中，在节点加入网络（对于协调器是节点组建网络）时设置或者延时设置读传感器数据的事件，然后在读传感器数据的事件处理程序中再读取传感的输出数据。应用事件处理函数的简化结构如下：

```
uint16 SampleApp_ProcessEvent（uint8 task_id, uint16 events） //248
{  …
    switch（MSGpkt->hdr.event）
    {
        case ZDO_STATE_CHANGE:
            SampleApp_NwkState =（devStates_t）(MSGpkt->hdr.status）;
            if（SampleApp_NwkState == DEV_END_DEVICE）
            {
                osal_start_timerEx（SampleApp_TaskID , READ_SENSOR_EVT , 60000）;
            }
    }
    …
    if（events & READ_SENSOR_EVT）
    {
        ReadSensorData（）;                    //读传感器数据并处理
        osal_start_timerEx（SampleApp_TaskID, READ_SENSOR_EVT,1000）;
        return（events ^ READ_SENSOR_EVT）;
    }
    …
}
```

实现方法与步骤

本例的节点有协调器、终端节点 2 个节点，需要编制协调器的程序文件、终端节点的程序文件和传感器的驱动程序文件。

1. 编制传感器驱动程序文件

传感器的驱动程序文件包括 HumanSensor.c、HumanSensor.h 2 个文件。其中，HumanSensor.c 是驱动程序的源程序文件，HumanSensor.h 是 HumanSensor.c 的接口文件。HumanSensor.c 文件的内容如下：

```
1    /***************************************************************
2                          HumanSensor.c
3                     热释电人体传感器驱动程序
4    ***************************************************************/
5    #include  <ioCC2530.h>
6    #include  "HumanSensor.h"
```

```
7    //传感器输出引脚定义
8    #define pHumanSensor    P0_6
9    //函数声明
10   void Delayms（uint）;                              //延时函数
11   /*******************************************************************
12                       void Delayms（uint xms）
13   功能:延时 xms 毫秒
14   *******************************************************************/
15   void Delayms（uint xms）
16   {
17     uint i,j;
18     for（i=xms;i>0;i--）
19       for（j=587;j>0;j--）;
20   }
21
22   /*******************************************************************
23                       void  InitHumanSensor（void）
24   功能:初始化热释电传感器 I/O 口
25   引脚接法:P0_6 接传感器输出
26   *******************************************************************/
27   void   InitHumanSensor（void）
28   {
29     P0SEL &= ~（1<<6）;                     //P06 为普通 I/O 口
30     P0DIR &= ~（1<<6）;                     //P06 为输入口
31     P0INP &= ~（1<<6）;                     //P06 为上拉
32   }
33
34   /*******************************************************************
35                       uchar   ReadHumanSensor（void）
36   功能:读热释电传感器的输出
37   返回值:
38   0:有人
39   1:无人
40   *******************************************************************/
41   uchar ReadHumanSensor（void）
42   {
43     if (pHumanSensor==0)
44     {
45       Delayms（10）;
46       if (pHumanSensor==0)
47       {
48         return 1;                            // 无人
49       }
50     }
```

```
51        return 0;                              //有人
52    }
```

HumanSensor.h 文件的内容如下：

```
1     /*****************************************************************
2                              HumanSensor.h
3                         热释电人体传感器驱动程序
4     *****************************************************************/
5     #ifndef _HUMANSENSOR_H_
6     #define _HUMANSENSOR_H_
7
8     typedef unsigned  char  uchar;
9     typedef unsigned  int   uint;
10
11    void  InitHumanSensor（void）;
12    uchar ReadHumanSensor（void）;
13    #endif
```

2. 编制协调器的程序文件

协调器的程序文件由 Coordinator.c、Coordinator.h 2 个文件组成，其中，Coordinator.h 既是协调器的接口文件也是终端节点的接口文件，其内容与前面的 Coordinator.h 相同。按照任务要求，协调器的功能是组建网络，接收终端节点发送来的数据，并用串口将接收到的数据发送至计算机中显示。Coordinator.c 文件的内容如下：

```
1     /*****************************************************************
2                              项目 9  制作防盗监测器
3                            协调器程序（Coordinator.c）
4     *****************************************************************/
5     #include "OSAL.h"                              //59
6     #include "AF.h"                                //61
7     #include "ZDApp.h"                             //63
8     #include "Coordinator.h"                       //65 改
9     #include "OnBoard.h"                           //68
10
11    uint8 UsartBuf[50];                            //加 串口缓冲区:存放接收或发送的数据
12    //簇列表
13    const cId_t SampleApp_ClusterList[SAMPLEAPP_MAX_CLUSTERS] =//92
14    {                                              //93
15       SAMPLEAPP_PERIODIC_CLUSTERID,               //94
16    };                                             //96
17    //简单端口描述
18    const SimpleDescriptionFormat_t SampleApp_SimpleDesc =//98
```

```
19    {                                              //99
20      SAMPLEAPP_ENDPOINT,                          //100  端口号
21      SAMPLEAPP_PROFID,                            //101  应用规范 ID
22      SAMPLEAPP_DEVICEID,                          //102  应用设备 ID
23      SAMPLEAPP_DEVICE_VERSION,                    //103  应用设备版本号（4bit）
24      SAMPLEAPP_FLAGS,                             //104  应用设备标志（4bit）
25      SAMPLEAPP_MAX_CLUSTERS,                      //105  输入簇命令个数
26      （cId_t *）SampleApp_ClusterList,            //106  输入簇列表的地址
27      0,                                           //107  输出簇命令个数
28      （cId_t *）NULL                              //108  输出簇列表的地址
29    };                                             //109
30
31    endPointDesc_t SampleApp_epDesc;               //115  应用端口
32    uint8 SampleApp_TaskID;                        //128  应用程序中的任务 ID 号
33    devStates_t SampleApp_NwkState;                //131  网络状态
34    uint8 SampleApp_TransID;                       //133  传输 ID
35    //函数说明
36    void SampleApp_MessageMSGCB（afIncomingMSGPacket_t *pckt）;//147
37    /*******************************************************************
38                          应用程序初始化函数
39    *******************************************************************/
40    void SampleApp_Init（uint8 task_id）           //173
41    {                                              //174
42      halUARTCfg_t  UartConfig;                    //加   定义串口配置变量
43      SampleApp_TaskID = task_id;                  //175  应用任务（全局变量）初始化
44      SampleApp_NwkState = DEV_INIT;               //176  网络状态初始化
45      SampleApp_TransID = 0;                       //177  传输 ID 号初始化
46      // 应用端口初始化
47      SampleApp_epDesc.endPoint = SAMPLEAPP_ENDPOINT;//213  端口号
48      SampleApp_epDesc.task_id = &SampleApp_TaskID;//214  任务号
49      SampleApp_epDesc.simpleDesc                  //215  端口的其他描述
50          =（SimpleDescriptionFormat_t *）&SampleApp_SimpleDesc;//216
51      SampleApp_epDesc.latencyReq = noLatencyReqs;//217  端口的延迟响应
52      afRegister（&SampleApp_epDesc）;             //220  端口注册
53      //串口配置
54      UartConfig.configured = TRUE;                //加
55      UartConfig.baudRate = HAL_UART_BR_115200;//加  波特率为 115200
56      UartConfig.flowControl  = FALSE;             //加   不进行流控制
57      UartConfig.callBackFunc = NULL;              //加   回调函数:无
58      HalUARTOpen（0,&UartConfig）;                //加   按所设定参数初始化串口 0
59    }
60    /*******************************************************************
61                          任务事件处理函数
62    *******************************************************************/
```

```
63   uint16 SampleApp_ProcessEvent（uint8 task_id, uint16 events）//248
64   {
65     afIncomingMSGPacket_t *MSGpkt;                //250 定义指向接收消息的指针
66     (void) task_id;                                //251 未引参数 task_id
67     if（events & SYS_EVENT_MSG）                   //253 判断是否为系统事件
68     {                                              //254
69       MSGpkt =（afIncomingMSGPacket_t *）osal_msg_receive
             （SampleApp_TaskID）;//255 从消息队列中取消息
70       while（MSGpkt）                              //256 有消息?
71       {                                            //257
72         switch（MSGpkt->hdr.event）                //258 判断消息中的事件域
73         {                                          //259
74           case AF_INCOMING_MSG_CMD:                //266 端口收到消息
75             SampleApp_MessageMSGCB（MSGpkt）;      //267
76             break;                                 //268
77           //在此处可添加系统事件的其他子事件处理
78           default:                                 //288
79             break;                                 //289
80         }                                          //290
81         osal_msg_deallocate（(uint8 *) MSGpkt）;//293 释放消息所占存储空间
82         MSGpkt =（afIncomingMSGPacket_t *）osal_msg_receive
             （SampleApp_TaskID）;//296 再从消息队列中取消息
83       }                                            //297
84       return（events ^ SYS_EVENT_MSG）;            //300 返回未处理的事件
85     }                                              //301
86
87     return 0;                                      //319 丢弃未知事件
88   }                                                //320
89   /*****************************************************************
90                        消息处理函数
91   pkt:指向待处理消息的结构体指针
92   *****************************************************************/
93   void SampleApp_MessageMSGCB（afIncomingMSGPacket_t *pkt）//387
94   {                                                //388
95     uint8 *buf;
96     uint8 len;
97     switch（pkt->clusterId）                       //391
98     {                                              //392
99       case SAMPLEAPP_PERIODIC_CLUSTERID:           //393
100        len=pkt->cmd.DataLength;
101        buf=pkt->cmd.Data;
102        HalUARTWrite（0,"\r\n",2）;
103        HalUARTWrite（0,buf,len）;
```

```
104            HalUARTWrite（0,"\r\n",2）;
105            break;                                    //394
106        }                                             //400
107    }                                                 //401
```

3. 编制终端节点的程序文件

终端节点的功能是，每隔 1s 进行一次传感器数据采集，并对所采集到的数据进行分析判断，若有人进入，则以单播的方式向协调器发送"有人进入"，若无人进入，则以单播的方式向协调器发送"无人进入"。终端节点的程序文件为 EndDevice.c，其内容如下：

```
1   /***************************************************************
2                       项目 9  制作防盗监测器
3                       终端节点程序（EndDevice.c）
4   ***************************************************************/
5   #include "OSAL.h"                   //59
6   #include "AF.h"                     //61
7   #include "ZDApp.h"                  //63
8   #include "Coordinator.h"            //65 改
9   #include "OnBoard.h"                //68
10  #include  "HumanSensor.h"           //加
11  //用户事件定义
12  #define USER_HUMAN_EVT 0x0001       //采集人体红外传感器数据
13  //簇列表
14  const cId_t SampleApp_ClusterList[SAMPLEAPP_MAX_CLUSTERS] =//92
15  {                                   //93
16      SAMPLEAPP_PERIODIC_CLUSTERID    //94
17  };                                  //96
18  //简单端口描述
19  const SimpleDescriptionFormat_t SampleApp_SimpleDesc =//98
20  {                                   //99
21      SAMPLEAPP_ENDPOINT,             //100  端口号
22      SAMPLEAPP_PROFID,               //101  应用规范 ID
23      SAMPLEAPP_DEVICEID,             //102  应用设备 ID
24      SAMPLEAPP_DEVICE_VERSION,       //103  应用设备版本号（4bit）
25      SAMPLEAPP_FLAGS,                //104  应用设备标志（4bit）
26      0,                              //105  输入簇命令个数
27      （cId_t *）NULL,                 //106  输入簇列表的地址
28      SAMPLEAPP_MAX_CLUSTERS,         //107  输出簇命令个数
29      （cId_t *）SampleApp_ClusterList //108  输出簇列表的地址
30  };                                  //109
31
32  endPointDesc_t SampleApp_epDesc;    //115 应用端口
```

```
33    uint8 SampleApp_TaskID;                              //128 应用程序中的任务 ID 号
34    devStates_t SampleApp_NwkState;                      //131 网络状态
35    uint8 SampleApp_TransID;                             //133 传输 ID
36    afAddrType_t SampleApp_DstAddr;                      //135
37    //函数说明
38    void  SampleApp_Send_Human_Data（void）; //发送传感器数据
39    /*****************************************************************
40                    应用程序初始化函数
41    *****************************************************************/
42    void SampleApp_Init ( uint8 task_id )                //173
43    {                                                    //174
44      halUARTCfg_t   UartConfig;                         //定义串口配置变量
45      SampleApp_TaskID = task_id;                        //175 应用任务（全局变量）初始化
46      SampleApp_NwkState = DEV_INIT;                     //176 网络状态初始化
47      SampleApp_TransID = 0;                             //177 传输 ID 号初始化
48      //初始化消息发送的目的地址
49      SampleApp_DstAddr.addrMode = (afAddrMode_t) Addr16Bit; //203 改 发送方式:单播
50      SampleApp_DstAddr.endPoint = SAMPLEAPP_ENDPOINT;   //204 改 目的地的端口
51      SampleApp_DstAddr.addr.shortAddr = 0x0000; //205 改 目的地的网络地址:协调器地
52    址 0x0000
53      // 应用端口初始化
54      SampleApp_epDesc.endPoint = SAMPLEAPP_ENDPOINT;//213 端口号
55      SampleApp_epDesc.task_id = &SampleApp_TaskID;//214 任务号
56      SampleApp_epDesc.simpleDesc                        //215 端口的其他描述
             = (SimpleDescriptionFormat_t *)&SampleApp_SimpleDesc;//216
57      SampleApp_epDesc.latencyReq = noLatencyReqs;//217 端口的延迟响应
58      afRegister ( &SampleApp_epDesc );                  //220 端口注册
59      //串口配置
60      UartConfig.configured = TRUE;                      //加
61      UartConfig.baudRate = HAL_UART_BR_115200; //加 波特率为 115200
62      UartConfig.flowControl = FALSE;                    //加 不进行流控制
63      UartConfig.callBackFunc = NULL;                    //加 回调函数:无
64      HalUARTOpen（0,&UartConfig）;                      //加 按所设定参数初始化串口 0
65
66      InitHumanSensor () ;                               //加 发送传感器数据
67    }
68    /*****************************************************************
69                    任务事件处理函数
70    *****************************************************************/
71    uint16 SampleApp_ProcessEvent ( uint8 task_id, uint16 events ) //248
72    {                                                    //249
73      afIncomingMSGPacket_t *MSGpkt;                     //250 定义指向接收消息的指针
74      (void) task_id;                                    //251 未引参数 task_id
75      if ( events & SYS_EVENT_MSG )                      //253 判断是否为系统事件
```

```
76      {                                                           //254
77          MSGpkt = (afIncomingMSGPacket_t *) osal_msg_receive
    ( SampleApp_TaskID );//255  从消息队列中取消息
78          while ( MSGpkt )                    //256 有消息?
79          {                                   //257
80              switch ( MSGpkt->hdr.event )    //258 判断消息中的事件域
81              {                               //259
82                  case ZDO_STATE_CHANGE:      //271 ZDO 的状态变化事件
83                      SampleApp_NwkState = (devStates_t)(MSGpkt->hdr.status);//272 读设备
    状态
84                      if ( SampleApp_NwkState == DEV_END_DEVICE )  //273 改 若为协调器
85                      {                                            //276
86                          osal_start_timerEx( SampleApp_TaskID,USER_HUMAN_EVT,60000 );
    //280 改 延时 60s 设置读传感器数事件，60s 渡过传感器的初始化时间
87                      }                                            //281
88                      break;                                       //286
89                  //在此处可添加系统事件的其他子事件处理
90                  default:                                         //288
91                      break;                                       //289
92              }                                                    //290
93              osal_msg_deallocate ( (uint8 *) MSGpkt );//293 释放消息所占存储空间
94              MSGpkt = (afIncomingMSGPacket_t *) osal_msg_receive
    ( SampleApp_TaskID );//296 再从消息队列中取消息
95          }                                                        //297
96          return (events ^ SYS_EVENT_MSG);    //300 返回未处理的事件
97      }                                                            //301
98      ///用户事件处理
99      if ( events & USER_HUMAN_EVT )          //305 改
100     {                                                            //306
101         SampleApp_Send_Human_Data ();       //加   发送传感器数据
102         // 再次触发用户事件
103         osal_start_timerEx( SampleApp_TaskID, USER_HUMAN_EVT,//311 过 1s 后再
    设置事件
104             1000 );                                              //312 改
105         return (events ^ USER_HUMAN_EVT);   //315 改 返回未处理完毕的事件
106     }                                                            //316
107
108     return 0;                               //319 丢弃未知事件
109 }                                                                //320
110
111 /***************************************************************
112                         发送传感器数据函数
113 ***************************************************************/
114 void SampleApp_Send_Human_Data (void)
```

```
115    {
116        uint8 buf[20];                                    //发送数据缓冲区
117        uint8 len;                                        //发送数据的长度
118        uint8 res;                                        //读传感器的结果
119        res=ReadHumanSensor();                            //读传感器输出,有人时返回0
120        if(res==0)                                        //判断是否有人进入
121        {//有人
122            len=osal_strlen("有人进入!");                  //计算发送数据的长度
123            osal_memcpy(buf,"有人进入!",len);              //准备发送数据
124        }
125        else
126        {//无人
127            len=osal_strlen("无人进入!");                  //计算发送数据的长度
128            osal_memcpy(buf,"无人进入!",len);              //准备发送数据
129        }
130        //向协调器发送监测结果
131        AF_DataRequest( &SampleApp_DstAddr, &SampleApp_epDesc,//414 改
132                        SAMPLEAPP_PERIODIC_CLUSTERID,     //415
133                        len,                              //416 改
134                        (uint8*) buf,                     //417 改
135                        &SampleApp_TransID,               //418
136                        AF_DISCV_ROUTE,                   //419
137                        AF_DEFAULT_RADIUS );              //420 改
138        //本地串口输出,调试用
139        HalUARTWrite(0,"\r\n",2);
140        HalUARTWrite(0,buf,len);
141        HalUARTWrite(0,"\r\n 数据发送完毕!",osal_strlen("数据发送完毕!")+2);
142    }
```

4. 程序编译与下载运行

本例中有协调器、终端节点 2 个节点,需要将节点程序分类编译,分别生成协调器和终端节点的程序,然后分别下载至 2 个 ZigBee 模块中。程序的编译与下载过程与项目 5 相同,在此不再赘述。

程序下载后,用串口线将计算机的串口与协调器、终端节点的串口相连,再打开串口调试助手,并设置好串行通信的参数,然后给协调器、终端节点上电,串口调试助手中就会显示传感器监测的信息。当有人进入传感器监测范围,串口调试助手中就会显示"有人进入!",否则就显示"无人进入!"。其中与协调器相连的计算机中所显示的信息如图 9-5 所示,与终端节点相连的计算机中所显示的信息如图 9-6 所示。

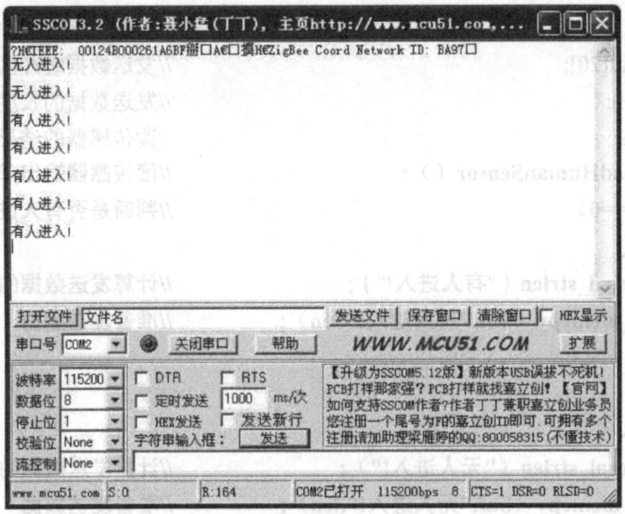

图 9-5 协调器输出的信息

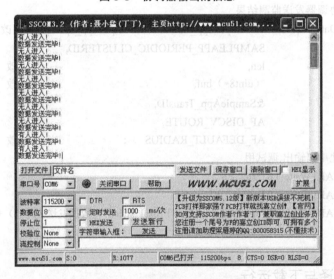

图 9-6 终端节点输出的信息

程序分析

本例中的程序有协调器程序、终端节点程序和传感器的驱动程序。其中，传感器的驱动程序我们在热释电红外传感器应用特性中已作了讲解，协调器的程序比较简单，其中的代码在前面的项目中已作了分析，在此我们只分析终端节点中的相关代码。

第 10 行：包含头文件 HumanSensor.h。HumanSensor.h 文件是传感器驱动程序的接口文件，在 EndDevice.c 文件中我们调用 InitHumanSensor（）等与传感器相关的函数，这些函数的说明位于 HumanSensor.h 文件中。

第 12 行：定义用户事件，本例中的用户事件是采集热释电红外传感的输出数据，该事件的编码为 0x0001。

第 36 行：定义发送数据的目的地址变量 SampleApp_DstAddr。该变量是全局变量，用来存放目的地的网络地址、端口号和地址模式（数据发送的类型）。第 49 行～第 51 行代码是对该变量的 3 个成员赋初值。

第 38 行：发送传感器数据函数的说明。

第 49 行：将 SampleApp_DstAddr 的 addrMode 成员设置成 Addr16Bit，终端节点以单播方式发送数据。

第 51 行：设置目的地的网络地址，这里的 0x0000 是协调器的网络地址，因此终端节点采用单播通信，数据接收方为协调器。

第 66 行：调用 InitHumanSensor（）函数对与传感器相接的单片机 I/O 口进行初始化设置。在协议栈中添加传感器时，初始化传感器端的语句要放在应用初始化函数的尾部，其原因是，ZStack 按照默认的方式对单片机的 I/O 口已作了初始化处理，默认的初始化并不一定符合用户的实际要求，我们将自己所编写的初始化程序放在应用初始化的最后面可以更改 ZStack 中有关硬件资源的初始化设置，使单片机的硬件配置符合实际应用的要求。

第 86 行：启动定时器，定时时长为 60000ms 即 1 分钟，定时时间到后设置读传感器数据事件。该语句位于终端节点加入网络事件处理程序中，因此语句的功能是，终端节点加入网络后，过 1 分钟再设置读传感器数据事件。这里要延时 1 分钟设置读传感器数据事件的原因是，热释电红外传感器上电后有 1 分钟的初始化过程，在初始化期间，传感器可能会有 0～3 次的输出，延时 1 分钟再读取传感器输出数据可以越过传感器初始化期，以防止传感器误报。

第 99 行：判断读传感器事件是否发生。

第 101 行：调用 SampleApp_Send_Human_Data（）函数。该函数的功能有 2 个，一是读取传感器的输出数据，二是向协调器发送监测的结果。

第 114 行～第 142 行：发送传感器数据函数。

第 119 行：读取传感器的输出数据，并将结果存入变量 res 中。其中 ReadHumanSensor（）函数的定义位于 HumanSensor.c 文件中，该函数的返回值是，0：有人进入；1：无人进入。

第 120 行：判断是否有人进入。

第 121 行～第 124 行为有人进入的处理，第 126 行～第 129 行为无人进入的处理。

第 122 行：计算发送数据的长度，并存入变量 len 中。

第 123 行：向数组 buf[]中写入字符串"有人进入"。数组 buf[]为节点向协调器发送数据的缓冲器。

第 131 行~第 137 行：调用 AF_DataRequest（）函数，向协调器发送 buf[]数组中的数据。其中，SampleApp_DstAddr 是全局变量，用来存放目的地的地址（0x0000）、端口号、地址的模式（Addr16Bit），对该变量赋值的语句位于第 49 行~第 51 行。

实践总结

热释电红外传感器是一种用于检测人体活动的传感器，模块的工作电压为 4.5V~20V，有人进入感应区时，模块输出高电平，无人进入感应区时，模块输出低电平。模块与单片机的连接方法是，用单片机的一根 I/O 口线与模块的 OUT 引脚相接。

热释电红外传感器的驱动程序包括 2 个函数，第 1 个是初始化函数，其功能是初始化与传感器模块相接的单片机 I/O 口，第 2 个函数是读传感器的输出数据函数。

在协议栈中调用传感器驱动程序的方法是，首先在节点的开头处定义一个读传感器数据的事件，然后在应用初始化函数的最后调用传感器初始化函数，最后在节点加入网络（对于协调器是节点组建网络）时设置或者延时设置读传感器数据的事件，并在读传感器数据的事件处理程序中再读取传感的输出数据，并作处理。

习题

1. 热释电红外传感器是一种用于检测_____的传感器。
2. 热释电红外传感器模块的应用特性是，有人进入感应区时，模块输出_____电平，无人进入感应区时，模块输出_____电平。
3. 若热释电红外传感器模块的 OUT 引脚接在单片机的 P0_3 引脚上，请写出传感器初始化程序和读传感器输出数据的程序。
4. 简述在协议栈中添加传感器驱动程序的方法。
5. 请按下列功能要求组建一个 ZigBee 网络，并写出节点的应用程序。

用 2 个 ZigBee 模块组建一个无线网络，模块 A 作协调器，并与计算机的串口相接，模块 B 作终端节点。模块 B 中接有一个继电器模块，用继电器控制照明灯的点亮与熄灭，继电器模块的控制输入端接在 CC2530 单片机的 P0_6 引脚上。当 P0_6=1 时，继电器吸合，照明灯点亮，当 P0_6=0 时，继电器断开，照明灯熄灭。计算机通过串口向协调器发送串口控制命令，串行通信的波特率为115200bps。协调器接收到计算机发送来的命令后对命令进行解析，然后转换成网络中的控制命令，控制终端节点上的继电器的吸合和断开。计算机发送的串口命令和协调器发送的控制命令如表9-2所示。

表9-2 串口命令和网络中的控制命令

计算机的串口命令	网络中的控制命令	含义
'on'	'1'	终端节点上的继电器吸合
'off'	'2'	终端节点上的继电器断开

项目 10　　制作光照信息采集器

任务要求

用 2 个 ZigBee 模块组建一个无线网络，模块 A 作协调器，模块 B 作终端节点。终端节点上装有光敏传感器，用来采集环境的光照度，每隔 1s 终端节点就将环境的光照度发送至协调器。当协调器收到终端节点发来的光照度数据后就通过串口发送到计算机显示。其中协调器与计算机进行串行通信的波特率为 BR=115200bps。

相关知识

1. 光敏电阻的特性

光敏电阻是一种用半导体材料制作而成的特殊电阻。光敏电阻的实物图如图 10-1 所示。光敏电阻的特性是，光敏电阻的电阻值随入射光的强度变化而变化，且光照度与电阻值一一对应。光敏电阻有 2 种，第 1 种是光敏电阻的电阻值随入射光的增强而减小，第 2 种是电阻值随入射光的增强而增大。常用的光敏电阻是其电阻值随入射光增强而减小的光敏电阻。这种光敏电阻的两端电压保持不变时，光照度与电阻及电流间的关系如图 10-2 所示。

图 10-1　光敏电阻

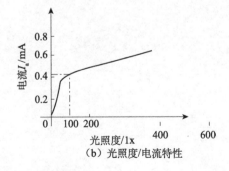

（a）光照度/电阻特性　　（b）光照度/电流特性

图 10-2　光敏电阻的特性曲线

由于光敏电阻的电阻值与光照度一一对应,只要测出光敏电阻的电阻值就可以换算得出光照度。利用光敏电阻检测光照度的电路如图 10-3 所示。目前光敏电阻传感器已模块化,光敏电阻传感器模块的外形结构如图 10-4 所示。

模块中各引脚的功能如下:

- AO,模拟量输出脚,接 ADC 的输入脚。
- DO,TTL 电平输出脚。
- GND,电源地。
- VCC,电源脚,接 3.3~5V 直流电源。

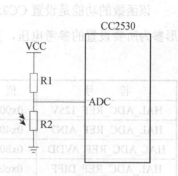

图 10-3 利用光敏电阻检测光照度的电路

图 10-4 光敏电阻传感器模块的外形结构

2. ZStack 中的 ADC 函数

ZStack 中提供了许多 ADC 函数,常用的函数主要有 HalAdcInit()、HalAdcSetReference()、HalAdcRead() 等几个函数,这些函数原型说明位于 hal_adc.h 文件中。

(1) HalAdcInit() 函数

HalAdcInit() 函数的原型说明如下:

void HalAdcInit (void);

该函数的功能是设置 CC2530 单片机片内 ADC 进行单通道转换时的默认参考电压,在默认情况下,ADC 的参考电压为 AVDD5 引脚的电压,在使用该函数之前需要先使能 I/O 口的模拟功能。

(2) HalAdcSetReference() 函数

HalAdcSetReference() 函数的原型说明如下:

void HalAdcSetReference (uint8 reference);

该函数的功能是设置 CC2530 单片机片内 ADC 进行单通道转换时的参考电压,函数的形参为所要设置的参考电压,其取值如表 10-1 所示。

表 10-1 参考电压的取值

符 号	值	含 义
HAL_ADC_REF_125V	0x00	内部参考电压,对于 CC2530 单片机而言值为 1.15V
HAL_ADC_REF_AIN7	0x40	AIN7 引脚上的外部参考电压
HAL_ADC_REF_AVDD	0x80	AVDD5 引脚电压
HAL_ADC_REF_DIFF	0xc0	AIN6~AIN7 差分输入外部参考电压

HalAdcInit()函数和 HalAdcSetReference()函数的功能一样,都是设置 ADC 的参考电压,但是 HalAdcInit()函数只能将 ADC 的参考电压设置成默认值。HalAdcSetReference()函数比较灵活,可以在调用函数时指定 ADC 的参考电压值。在实际应用中一般用 HalAdcSetReference()函数设置 ADC 的参考电压。

(3) HalAdcRead()函数

HalAdcRead()函数的原型说明如下:

uint16 HalAdcRead (uint8 channel, uint8 resolution);

该函数的功能是,按照指定的分辨率读取指定通道的 ADC 转换值,函数中各参数的含义如下

- channel:ADC 的通道号,其取值如表 10-2 所示。

表 10-2 ADC 的通道号

参 数	含 义	参 数	含 义
HAL_ADC_CHN_AIN0	通道 0	HAL_ADC_CHN_AIN4	通道 4
HAL_ADC_CHN_AIN1	通道 1	HAL_ADC_CHN_AIN5	通道 5
HAL_ADC_CHN_AIN2	通道 2	HAL_ADC_CHN_AIN6	通道 6
HAL_ADC_CHN_AIN3	通道 3	HAL_ADC_CHN_AIN7	通道 7

- resolution:分辨率,其取值如表 10-3 所示。

表 10-3 ADC 的分辨率

参 数	含 义
HAL_ADC_RESOLUTION_8	8 位分辨率
HAL_ADC_RESOLUTION_10	10 位分辨率
HAL_ADC_RESOLUTION_12	12 位分辨率
HAL_ADC_RESOLUTION_14	14 位分辨率

该函数的返回值为 16 位的 AD 转换值。

3. ZStack 中 ADC 的使用方法

在协议栈中使用 ADC 的方法如下：

（1）在节点程序文件的开头处包含头文件 hal_adc.h，其代码如下：

#include "hal_adc.h"   //包含 ADC 的头文件

（2）在节点程序文件的开头处定义一个读 ADC 事件，其代码如下：

#define READ_ADC_EVT 0x0001//读 ADC 事件

（3）在应用初始化函数的尾部添加初始化 ADC 的程序代码。其方法如下：

① 设置寄存器 APCFG 的值来使能 I/O 口的模拟功能。

② 调用 HalAdcSetReference（）函数或者 HalAdcInit（）函数来设置 ADC 的参考电压。

例如，我们要在协议栈中使用 P0_6 引脚上的 ADC 功能，则应用初始化函数中有关 ADC 初化的程序代码如下：

```
void SampleApp_Init（uint8 task_id）             //173
{                                                //174
    //ADC 口配置
    APCFG |=1<<6;                                //配置模拟口:P0_6 为模拟输入口
    HalAdcSetReference（HAL_ADC_REF_AVDD）;//设置 ADC 的参考电压
}
```

（4）在应用事件处理函数中，在节点加入网络（对于协调器是节点组建网络）时设置或者延时设置读 ADC 事件，然后在读 ADC 事件的处理程序中再用 HalAdcRead（）函数读取指定通道的 ADC 值，并对 ADC 的值进行处理。简化后的应用事件处理函数的结构如下：

```
uint16 SampleApp_ProcessEvent（uint8 task_id, uint16 events）//248
{  ...
    switch（MSGpkt->hdr.event）
    {
        case ZDO_STATE_CHANGE:
            SampleApp_NwkState =（devStates_t）(MSGpkt->hdr.status);
            if（SampleApp_NwkState == DEV_END_DEVICE）
            {
                osal_start_timerEx（SampleApp_TaskID, READ_ADC_EVT, 1000）;
            }
    }
    ...
    if（events & READ_ADC_EVT）
```

```
    {
        adval = HalAdcRead （HAL_ADC_CHN_AIN6, HAL_ADC_RESOLUTION_10）;//读 AD 值
        …
    osal_start_timerEx（ SampleApp_TaskID, READ_SENSOR_EVT,1000 ）;
        return （events ^ READ_ADC_EVT）;
    }
    …
}
```

实现方法与步骤

1. 编制节点的程序文件

按照任务要求，我们需要编写协调器和终端节点 2 个节点的程序，还需要编写十六进制数转换成字符串的程序。

（1）Coordinator.c 文件

本例中的 Coordinator.c 文件与项目 9 中的 Coordinator.c 文件相比，仅仅只是第 102 行的提示信息不同，我们只需将项目 9 中 Coordinator.c 文件的第 102 行修改成以下代码就构成了本例中的 Coordinator.c 文件。

"HalUARTWrite（0,"\r\n 节点上的光照度: ",osal_strlen（"节点上的光照度: "）+2）;"

（2）EndDevice.c 文件

本例中，终端节点的功能与项目 9 中终端节点的功能相似，只是所用的传感器不同，传感器的驱动程序不同罢了。本例中的 EndDevice.c 文件与项目 9 中的 EndDevice.c 文件的结构相似，EndDevice.c 文件的内容如下：

```
1   /************************************************************
2                       项目 10 制作光照信息采集器
3                       终端节点程序（EndDevice.c）
4   ************************************************************/
5   #include "OSAL.h"                            //59
6   #include "AF.h"                              //61
7   #include "ZDApp.h"                           //63
8   #include "Coordinator.h"                     //65
9   #include "OnBoard.h"                         //68
10  #include    "hal_adc.h"                      //加
11  #include    "num.h"                          //加  num.c 是自编数字处理程序
12
13  #define USER_LIGHT_GATH_EVT 0x0001           //加  用户事件:光照度采集
```

```c
14      //簇列表
15      const cId_t SampleApp_ClusterList[SAMPLEAPP_MAX_CLUSTERS] =//92
16      {                                                         //93
17          SAMPLEAPP_PERIODIC_CLUSTERID,                         //94
18      };                                                        //96
19      //简单端口描述
20      const SimpleDescriptionFormat_t SampleApp_SimpleDesc =//98
21      {                                              //99
22          SAMPLEAPP_ENDPOINT,                        //100  端口号
23          SAMPLEAPP_PROFID,                          //101  应用规范 ID
24          SAMPLEAPP_DEVICEID,                        //102  应用设备 ID
25          SAMPLEAPP_DEVICE_VERSION,                  //103  应用设备版本号(4bit)
26          SAMPLEAPP_FLAGS,                           //104  应用设备标志(4bit)
27          0,                                         //105  改 输入簇命令个数
28          (cId_t *) NULL,                            //106  改 输入簇列表的地址
29          SAMPLEAPP_MAX_CLUSTERS,                    //107  输出簇命令个数
30          (cId_t *) SampleApp_ClusterList            //108  输出簇列表的地址
31      };                                             //109
32
33      endPointDesc_t SampleApp_epDesc;               //115  应用端口
34      uint8 SampleApp_TaskID;                        //128  应用程序中的任务 ID 号
35      devStates_t SampleApp_NwkState;                //131  网络状态
36      uint8 SampleApp_TransID;                       //133  传输 ID
37      afAddrType_t SampleApp_DstAddr;                //135
38
39      void CollectLight(void);                       //加 自定义光照度采集函数
40      /*************************************************************
41                       应用程序初始化函数
42      *************************************************************/
43      void SampleApp_Init( uint8 task_id )           //173
44      {                                              //174
45          halUARTCfg_t    UartConfig;                // 定义串口配置变量
46          SampleApp_TaskID = task_id;                //175 应用任务(全局变量)初始化
47          SampleApp_NwkState = DEV_INIT;             //176 网络状态初始化
48          SampleApp_TransID = 0;                     //177 传输 ID 号初始化
49          //初始化消息发送的目的地址
50          SampleApp_DstAddr.addrMode = (afAddrMode_t)Addr16Bit;//203 改 单播发送
51          SampleApp_DstAddr.endPoint = SAMPLEAPP_ENDPOINT;//204 改 目的地的端口
52          SampleApp_DstAddr.addr.shortAddr = 0x0000;//205 改 目的地:协调器
53          // 应用端口初始化
54          SampleApp_epDesc.endPoint = SAMPLEAPP_ENDPOINT;//213 端口号
55          SampleApp_epDesc.task_id = &SampleApp_TaskID;  //214 任务号
56          SampleApp_epDesc.simpleDesc               //215 端口的其他描述
57              = (SimpleDescriptionFormat_t *)&SampleApp_SimpleDesc;//216
```

```
58      SampleApp_epDesc.latencyReq = noLatencyReqs;        //217 端口的延迟响应
59      afRegister（&SampleApp_epDesc）;                      //220 端口注册
60      //ADC 口配置
61      APCFG |=1<<6;                                        //加 配置模拟口:P06 为模拟输入口
62      HalAdcSetReference（HAL_ADC_REF_AVDD）;//加 设置 ADC 的参考电压
63      }
64      /*****************************************************************
65                          任务事件处理函数
66      *****************************************************************/
67      uint16 SampleApp_ProcessEvent（uint8 task_id, uint16 events）  //248
68      {                                                    //249
69        afIncomingMSGPacket_t *MSGpkt;                     //250 定义指向接收消息的指针
70        （void）task_id;                                     //251 未引参数 task_id
71        if（events & SYS_EVENT_MSG）                        //253 判断是否为系统事件
72        {                                                  //254
73          MSGpkt =（afIncomingMSGPacket_t *）osal_msg_receive
            （SampleApp_TaskID）;//255 从消息队列中取消息
74          while（MSGpkt）                                    //256 有消息?
75          {                                                //257
76            switch（MSGpkt->hdr.event）                     //258 判断消息中的事件域
77            {                                              //259
78              case ZDO_STATE_CHANGE:                       //271 ZDO 的状态变化事件
79                SampleApp_NwkState =（devStates_t）(MSGpkt->hdr.status);//272 读设
            备状态
80                if（(SampleApp_NwkState == DEV_ROUTER)    //274 若为路由器
81                   ||(SampleApp_NwkState == DEV_END_DEVICE)）//275 或终端节点
82                {                                          //276
83                  osal_set_event（SampleApp_TaskID,USER_LIGHT_GATH_EVT）;//加
84                }                                          //281
85                break;                                     //286
86              //在此处可添加系统事件的其他子事件处理
87              default:                                     //288
88                break;                                     //289
89          }                                                //290
90          osal_msg_deallocate（(uint8 *)MSGpkt）;//293 释放消息所占存储空间
91          MSGpkt =（afIncomingMSGPacket_t *）osal_msg_receive
            （SampleApp_TaskID）;//296 再从消息队列中取消息
92          }                                                //297
93          return（events ^ SYS_EVENT_MSG）;                 //300 返回未处理的事件
94        }                                                  //301
95        //用户事件处理
96        if（events & USER_LIGHT_GATH_EVT）                  //305 改
97        {                                                  //306
98          CollectLight（）;                                 //加 采集光照度
```

```
99              // 再次触发用户事件
100             osal_start_timerEx ( SampleApp_TaskID, USER_LIGHT_GATH_EVT,//311 过
                1s 后再设置事件
101                 1000 );                                    //312 改
102             return (events ^ USER_LIGHT_GATH_EVT);          //315 改 返回未处理完毕的事件
103         }                                                   //316
104
105         return 0;                                           //319 丢弃未知事件
106     }                                                       //320
107
108     /*********************************************************************
109                         采集光照度函数
110     *********************************************************************/
111     void   CollectLight（void）
112     {
113         uint16  adval;                                      //AD 采集值
114         uint8 len,buf[5];
115         adval = HalAdcRead （HAL_ADC_CHN_AIN6, HAL_ADC_RESOLUTION_10）;//
                读 AD 值
116         len=uitoa ( buf,adval );                            //AD 值转换成 ASCII 并存入数组 buf 中
117         //发送 buf 中的数据,数据长度为 len
118         AF_DataRequest ( &SampleApp_DstAddr, &SampleApp_epDesc,//414 改
119                         SAMPLEAPP_PERIODIC_CLUSTERID,       //415
120                         len,                                //416 改
121                         （uint8*）buf,                       //417 改
122                         &SampleApp_TransID,                 //418
123                         AF_DISCV_ROUTE,                     //419
124                         AF_DEFAULT_RADIUS );                //420 改
125     }
```

（3）num.c 文件与 num.h 文件

本例中，我们需要将二进制的 AD 值转换成字符串才能在串口调试助手中显示，需要使用项目 8 中所编写数值转换的程序文件 num.c 和 num.h，我们只需要将这 2 个文件添加至工程中，其方法我们在项目 8 中已作了详细的介绍，在此不再赘述。

2. 程序编译与下载运行

本例中有协调器、终端节点 2 个节点，需要将节点程序分类编译，分别生成协调器和终端节点的程序，然后分别下载至 2 个 ZigBee 模块中。程序的编译与下载过程与项目 8 相同，在此不再赘述。

程序下载后，用串口线将计算机的串口与协调器的串口相连，再打开串口调试助手，

并设置好串行通信的参数，然后给协调器、终端节点上电，串口调试助手中就会显示终端节点上的光照度信息，用物体挡住光敏电阻的入射光线，我们会看到串口调试助手中所显示的光照度就会随之变化，如图10-5所示。

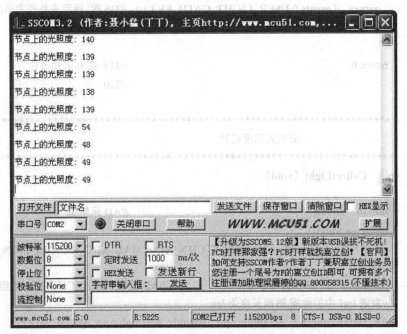

图10-5 协调器输出的信息

程序分析

本例中的协调器程序、数值转换程序我们在前面的项目中已作了详细分析，在此我们只分析终端节点中的相关代码。

第10行：包含头文件hal_adc.h。程序中使用了HalAdcSetReference()等ADC函数，这些函数的说明位于hal_adc.h文件，所以必须在程序的开头处将其头文件包含至文件中来。

第11行：包含头文件num.h文件。程序文件的116行处使用了uitoa()函数，该函数的说明位于num.h中。

第13行：定义采集光照度事件USER_LIGHT_GATH_EVT，该事件是一个用户事件。

第61行：将端口P0_6设置为模拟口。将P0_i（i=0~7）配置成模拟输入口的方法是将寄存器APCFG的第i位置1。本例中，光敏电阻传感器的输出信号是接在P0_6引脚上的，需要将端口P0.6配置成模拟输入口，第61行代码的作用就是将APCFG寄存器的第6位置1。

第62行：用函数HalAdcSetReference()设置ADC的参考电压，其参考电压是CC2530的AVDD5引脚上的电压。

第 83 行：节点加入网络后就设置采集光照度事件。

第 96 行～第 103 行：判断采集光照度事件是否发生，若发生，则调用 CollectLight（）函数进行光照度采集处理，然后过 1s 后再设置采集光照度事件，并返回未处理的其他用户事件。

第 111 行～第 125 行：采集光照度函数。

第 115 行：读取第 6 通道的 AD 转换值，AD 转换的分辨率为 10 位，并将结果保存至变量 adval 中。

第 116 行：将 adval 中的 AD 值转换成十进制数的 ASCII 码，并存入数组 buf[]中，其中 len 为 buf[]数组中数据的长度。

第 118 行～第 124 行：用单播的方式向协调器发送数组 buf[]中的数据。其中，变量 SampleApp_DstAddr 中保存的是数据发送方式（地址模式）、目的地的端口号、目的地的网络地址，对该变量赋值的语句位于第 50 行～第 52 行，SampleApp_epDesc 是应用端口变量，其赋值语句位于第 54 行～第 58 行。

实践总结

光敏电阻是一种电阻值随入射光的强弱变化而变化的特殊电阻，其电阻值与光照度的大小一一对应，是常用的光照度传感器之一。光敏电阻模块的工作电压为 3.3～5V，模块与单片机的连接方法是，模块的电源地与单片机的模拟地相接，模块的 AO 脚与单片机的一根模拟输入口线相接。

ZStack 中提供了许多 ADC 操作函数，常用的函数是 HalAdcInit（）函数、HalAdcSetReference（）函数和 HalAdcRead（）函数。在这 3 个函数中，HalAdcInit（）函数和 HalAdcSetReference（）函数的功能都是设置 ADC 的参考电压，但前者只能将 ADC 的参考电压设置成默认值，后者可以根据用户的需要灵活地设置 ADC 的参考电压。HalAdcRead（）函数的功能是按指定的分辨率读取指定通道的 AD 转换值。

在 ZStack 中使用 ADC 的方法是，在节点的程序文件开头处先定义一个读 ADC 事件，然后在应用初始化函数中使用单片机的模拟输入功能，再用 HalAdcSetReference（）函数或者 HalAdcInit（）函数来设置 ADC 的参考电压。这里需要注意的是，ZStack 的各函数中并没有使能单片机的模拟输入功能，因此在设置 ADC 参考电压之前一定要使能 I/O 口的模拟输入功能。最后是在事件处理函数中在节点加入网络时设置读 ADC 事件，然后在读 ADC 事件的处理程序中再用 HalAdcRead（）函数读取指定通道的 ADC 值，并对 ADC 的值进行处理。

习题

1. ZStack 中提供了许多 ADC 操作函数，其中，_____ 和 _____ 函数的功能是设置 ADC 的参考电压的函数。

2. 将 AIN7 引脚上的电压设置成 ADC 的参考电压的语句是_____。

3. 按下列要求写出程序段：ADC 的分辨率为 12 位的分辨率，读 ADC 的 1 通道的 AD 值，并保存至变量 adcval 中。

4. 简述 ZStack 中 ADC 的使用方法。

5. 在本例的 EndDevice.c 文件中，若注释掉第 61 行的代码（代码为"APCFG |=1<<6;"），程序运行的结果是什么？为什么？请上机实践。

6. 请按下列功能要求组建一个 ZigBee 网络，并写出节点的应用程序。

用 2 个 ZigBee 模块组建一个无线网络，模块 A 作协调器，模块 B 作终端节点。终端节点上装有烟雾传感器，用来检测室内液化气的浓度，每隔 1s 终端节点就将室内液化气的浓度值发送至协调器。当协调器收到终端节点发来的数据后就通过串口发送到计算机显示。其中协调器与计算机进行串行通信的波特率为 BR=115200bps。

项目 11　　制作温湿度采集器

🎯 任务要求

用 2 个 ZigBee 模块组建一个无线网络，模块 A 作协调器，模块 B 作终端节点。终端节点上装有 DHT11 温湿度传感器，用来采集环境的温湿度，每隔 1s 终端节点将其采集到的温湿度数据发送至协调器。当协调器收到终端节点发来的温湿度数据后就通过串口发送到计算机显示。其中协调器与计算机进行串行通信的波特率为 BR=115200bps。

👤 相关知识

1. MicroWait 宏

MicroWait 宏是 ZStack 协议栈在 OnBoard.h 文件中定义的有参数的宏，其定义如下：

#define MicroWait（t）　　Onboard_wait（t）

它代表的是 ZMain 组 OnBoard.c 文件中定义的 Onboard_wait（）函数，其作用是实现微秒级的延时，宏中的参数 t 为无符号的整型数，单位为微秒。它所能实现的延时时间范围为 1μs～65.535ms。

在使用 MicroWait 宏时，我们可以把它视作是 Onboard_wait（）函数的另外一个名字，其用法与 Onboard_wait（）函数的用法完全一样。例如，在程序中若需延时 10μs，就可以用以下程序实现：

MicroWait（10）；

在 OnBoard.h 文件中只有 MicroWait 宏的定义，并没有 Onboard_wait（）函数的说明，若要使用微秒级延时，一般使用 MicroWait 宏。在使用该宏时，需要在程序的开头处用 #include 指令将 OnBoard.h 头文件包含至程序文件中。

2. DHT11 的工作特性

（1）DHT11 的引脚功能

DHT11 是一种具有单总线接口的数字化温湿度传感器，工作电压范围为 3～5.5V，平

图 11-1 DHT11 的引脚分布图

均工作电流为 0.5mA，其引脚分布如图 11-1 所示，各引脚的功能如表 11-1 所示。

表 11-1 DHT11 引脚功能

引脚	符号	功能
1	VCC	电源引脚，接 3.0～5.5V 正电源
2	DATA	数据输出脚，接单总线
3	NC	空引脚，不与任何电路相接
4	GND	接地脚，接电源地

【说明】

DHT11 上电后存在一个持续时间大约为 1s 的不稳定时期，因此传感器上电后需等待 1s 后才能对 DHT11 进行读数，以便越过不稳定时期。

DHT11 的主要性能参数如表 11-2 所示。

表 11-2 DHT11 的性能参数

参　数	温　度	湿　度
测量范围	0～50℃	20～90%RH
精度	最小：±1℃　最大：±2℃	典型：±4%　最大：±5%
分辨率	1℃	1%

（2）DHT11 与单片机的接口电路

DHT11 是一种单总线的数字化传感器，它与单片机的接口电路如图 11-2 所示。

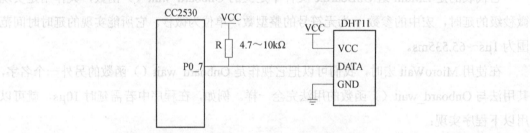

图 11-2 DHT11 与单片机的接口电路

在图 11-2 中，单片机用一根 I/O 口线作单总线，例如，选用 P0_7 作单总线，DHT11 的 VCC 引脚接 3.3～5.5V 外部电源，GND 引脚接地，DATA 引脚接单总线。在接口电路中，单总线上需接一个 4.7～10 kΩ 的上拉电路，以保证总线空闲时，总线呈高电平，如果单片机内部有上拉电阻，则可省略此上拉电阻。

3. DHT11 的访问操作

单片机每次对 DHT11 的访问操作都包括初始化 DHT11、从 DHT11 读取温湿度数据 2

种操作。

(1) 初始化 DHT11

初始化操作是对 DHT11 访问操作的开始,初始化的时序图如图 11-3 所示。

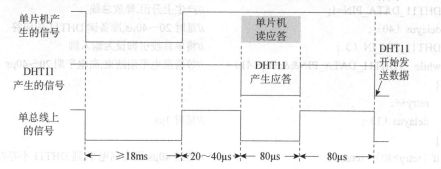

图 11-3 初始化 DHT11 时序图

从图 11-3 中可以看出,初始化 DHT11 的操作如下:

① 单片机先在单总线上输出宽度为 t1(t1≥18ms)的低电平,用来启动设备联络,然后产生由低到高的上升沿,单片机释放总线,并进入接收模式阶段。

② 单片机产生由低到高的上升沿后,过 t2(20μs≤t2≤40μs)时间,DHT11 就会向单总线上发送宽度为 t3(t3=80μs)时间的低电平,此低电平为 DHT11 的应答信号。单片机应在 t3 时间段内读总线上的应答信号,如果总线上有低电平的应答脉冲,则表示 DHT11 在线,否则初始化失败,不可进行后续操作。

③ 应答信号发送结束后,再过 t4（t4=80μs）时间,DHT11 就开始发送温湿度数据,进入发送数据阶段。

设单片机用 P0_7 口线充当单总线,单总线的定义如下:

#define DHT11_DATA_PIN P0_7 //定义单总线

初始化 DHT11 的流程图如图 11-4 所示。

初始化程序如下:

```
uchar InitDHT11（void）
{
    uchar retry=0;
```

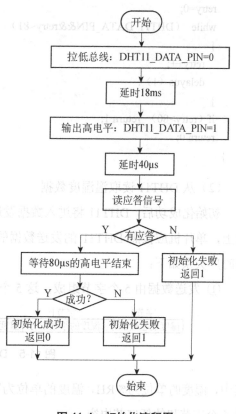

图 11-4 初始化流程图

```
   //尝试的次数
    DHT11_PIN_OUT（）;                //将单总线引脚设为输出脚
    DHT11_DATA_PIN=0;                 //拉低总线,启动单总线通信
    delayus（18000）;                 //延时至少 18ms
    DHT11_DATA_PIN=1;                 //产生上升沿,释放总线
    delayus（40）;                    //延时 20～40μs,准备读 DHT11 的应答
    DHT11_PIN_IN（）;                 //将单总线引脚设为输入脚
    while （DHT11_DATA_PIN&&retry<41） //等待高电平期结束,高电平期 20～40μs
    {
      retry++;
      delayus（1）;                   //延时 1μs
    }
    if（retry>40） return 1;          //若过 40μs 仍为高电平,则 DHT11 不存在
    else retry=0;
    while （!DHT11_DATA_PIN&&retry<81） //等待 80μs 的低电平（应答信号）结束
    {
      retry++;
      delayus（1）;
    }
    if（retry>80） return 1;          //80μs 后仍为低电平,则器件不是 DHT11
    retry=0;
    while （DHT11_DATA_PIN&&retry<81）  //等待 80μs 的高电平结束
    {
      retry++;
      delayus（1）;
    }
    if（retry>80） return 1;          //80μs 后仍为高电平,则器件不是 DHT11
    return 0;
  }
```

（2）从 DHT11 读取温湿度数据

初始化成功后,DHT11 将进入数据发送阶段,并将温湿度数据以字节为单位发送至总线上,单片机应按照 DHT11 的发送数据的时序要求读取总线上的数据。DHT11 发送数据的时序关系如下:

① 发送数据由 5 个字节组成,这 5 个字节的数据如图 11-5 所示。

字节0	字节1	字节2	字节3	字节4
湿度的整数部分	湿度的小数部分	温度的整数部分	温度的小数部分	校验和

图 11-5 DHT11 的数据格式

其中,湿度的单位为%RH,温度的单位为℃,温度和湿度的小数部分均为 0x00,校验和为前 4 个字节和的低字节内容。

例如，若从 DHT11 所读得的前 4 字节的内容为 0x2d001c00，则最后一个字节的内容就为 0x2d+0x00+0x1c+0x00=0x49，数据所表示的温湿度值如下：

湿度=字节 0.字节 1=45.0（%RH）

温度=字节 2.字节 3=28.0（℃）

② 字节数据发送的先后顺序为，先发送湿度的整数部分，最后发送校验和。

③ 在一个字节数据的发送过程中，各位数据的发送顺序是，低位在先，高位在后。因此，单片机每接收到一位数据后应将所接收的数位左移一位。

④ 每位数据用宽度为 50μs 的低电平表示数位的开始，用高电平持续时间的长短表示该数位是 0 还是 1，其中，0 的高电平持续时间为 26～28μs，1 的高电平持续时间为 70μs。数位的表示如图 11-6 所示。

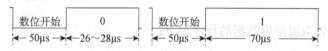

图 11-6　数位的表示

单片机在接收数据时，可在数位开始信号（低电平信号）结束后，再过 30μs 通过检测总线上的信号是否为高电平来判断 DHT11 当前发送的是 0 还是 1，若此时总线信号为高电平，则表明 DHT11 当前发送的是 1，否则为 0。

从 DHT11 中读取一个字节数据的程序如下：

```
/************************************************************************
                uchar DHT11_Read_Byte（void）
功能：从 DHT11 读取一个字节
返回值：所读到的字节数据
说明:若读数的过程中拔掉 DHT11,只会出现所读数据错误,不会死机
************************************************************************/
uchar DHT11_Read_Byte（void）
{
  uchar i,dat=0,retry;
  for（i=0;i<8;i++）
  {
    dat<<=1;                                //接收数据设为 0,低位在先,应左移
    retry=0;                                //尝试次数为 0
    while（!DHT11_DATA_PIN&&retry<51）       //等待 50μs 的位头结束
    {
      retry++;
      delayus（1）;
    }
```

```c
        delayus(30);                                  //过30μs后读数(越过0的高电平期)
        if(DHT11_DATA_PIN)
        { //30μs后为高电平,表明DHT11当前输出的是1
            dat |=1;                                  //接收数据设为1
            retry=0;
            while(DHT11_DATA_PIN&&retry<41)           //等待高电平结束,此高电平持续时间最多70-30=40μs
            {
                retry++;
                delayus(1);
            }
        }
    }
    return dat;
}
```

从DHT11中读取温湿度数据的程序如下:

```c
/************************************************************************
              uchar DHT11_Read_Data(uchar *temp,uchar *humi)
功能: 从DHT11读取温湿数据
参数:
temp:温度存放的地址
humi:湿度存放的地址
返回值: 0,正常;1,读取失败
************************************************************************/
uchar DHT11_Read_Data(uchar *temp,uchar *humi)
{
    uchar buf[5];
    uchar i;
    if(InitDHT11()==0)
    { //初始化成功
        for(i=0;i<5;i++)
        { //读取5字节的数据
            buf[i]=DHT11_Read_Byte();
        }
        if((buf[0]+buf[1]+buf[2]+buf[3])==buf[4])     //检查校验值
        { //校验正确
            *humi=buf[0];                             //取湿度的整数值
            *temp=buf[2];                             //取温度的整数值
            return 0;
        }
    }
    //初始化失败或者校验错误
    return 1;
}
```

实现方法与步骤

1. 搭建 DHT11 的控制电路

本例中，DHT11 的控制电路如图 11-7 所示。

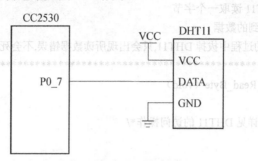

图 11-7　DHT11 的控制电路

2. 编制 DHT11 的驱动程序文件

DHT11 的驱动程序文件包括 DHT11.c 和 DHT11.h 2 个文件。其中，DHT11.C 是驱动程序的源程序文件，DHT11.h 是 DHT11.c 的接口文件。DHT11.c 文件中的函数我们在 DHT11 的访问操作中已作了介绍。为了节省篇幅，在此我们只列出文件的结构，有关函数的代码请查阅 DHT11 的访问操作中相关部分。DHT11.c 文件的内容如下：

```
1   /***************************************************************
2                              DHT11.c
3                功能: DHT11 温湿度传感器驱动程序
4   ***************************************************************/
5   #include  <ioCC2530.h>
6   #include  "dht11.h"
7
8   uchar InitDHT11（void）;
9   uchar DHT11_Read_Byte（void）;
10  /***************************************************************
11                     uchar InitDHT11（void）
12  功能:初始化 DHT11
13  返回值
14  0:初始化成功
15  1:初始化失败（DHT11 不存在或损坏）
16  ***************************************************************/
```

```
17      uchar InitDHT11（void）
18      {
            /*函数体，详见DHT11的访问操作*/
47      }
48      /*****************************************************************
49                      uchar DHT11_Read_Byte（void）
50      功能: 从DHT11读取一个字节
51      返回值: 所读到的数据
52      说明:若读数的过程中拔掉DHT11,只会出现所读数据错误,不会死机
53      *****************************************************************/
54      uchar DHT11_Read_Byte（void）
55      {
            /*函数体，详见DHT11的访问操作*/
79      }
80
81      /*****************************************************************
82                      uchar DHT11_Read_Data（uchar *temp,uchar *humi）
83      功能: 从DHT11读取温湿数据
84      参数：
85      temp:温度值
86      humi:湿度值
87      返回值: 0,正常;1,读取失败
88      *****************************************************************/
89      uchar DHT11_Read_Data（uchar *temp,uchar *humi）
90      {
            /*函数体，详见DHT11的访问操作*/
111     }
```

DHT11.h文件的内容如下：

```
1       /*****************************************************************
2                               dht11.h
3                       功能: DHT11温湿度传感器驱动程序
4       *****************************************************************/
5       #ifndef _DHT11_H_
6       #define _DHT11_H_
7
8       #include  "OnBoard.h"
9       //数据类型定义
10      typedef unsigned char uchar;
11      typedef unsigned int   uint;
12      //引脚定义
13      #define DHT11_DATA_PIN P0_7              //单总线引脚为P07
14      //宏定义
```

```
15    #define delayus（t）     MicroWait（t）
16    #define DHT11_PIN_OUT（）  {P0DIR |=1<<7;}   //将单总线引脚设为输出脚
17    #define DHT11_PIN_IN（）   {P0DIR &=~（1<<7）;}//将单总线引脚设为输入脚
18    //函数说明
19    uchar DHT11_Read_Data（uchar *temp,uchar *humi）; //从DHT11中读温湿度数据
20
21    #endif
```

3. 编制节点的程序文件

本例的节点有协调器、终端节点 2 个节点，节点的程序文件由 Coordinator.c、EndDevice.c、Coordinator.h 3 个文件组成，其中，Coordinator.h 既是 Coordinator.c 的接口文件也是 EndDevice.c 的接口文件，其内容与前面各项目中的 Coordinator.h 文件的内容相同，编制这些文件的操作方法与前面各项目中程序文件的编制方法相同，只是内容不同而已。

（1）Coordinator.c 文件

本例的 Coordinator.c 文件与项目 10 中的 Coordinator.c 文件基本相同，只是消息处理函数的函数体稍有差别，其内容如下：

```
1    /*************************************************************
2                    项目11  制作温湿度采集器
3                    协调器程序（Coordinator.c）
4    *************************************************************/
5    #include "OSAL.h"              //59
6    #include "AF.h"                //61
7    #include "ZDApp.h"             //63
8    #include "Coordinator.h"       //65 改
9    #include "OnBoard.h"           //68
10
11   //簇列表
12   const cId_t SampleApp_ClusterList[SAMPLEAPP_MAX_CLUSTERS] =//92
13   {                                                         //93
14       SAMPLEAPP_PERIODIC_CLUSTERID,                         //94
15   };                                                         //96
16   //简单端口描述
17   const SimpleDescriptionFormat_t SampleApp_SimpleDesc =//98
18   {                                                         //99
19       SAMPLEAPP_ENDPOINT,              //100    端口号
20       SAMPLEAPP_PROFID,                //101    应用规范ID
21       SAMPLEAPP_DEVICEID,              //102    应用设备ID
22       SAMPLEAPP_DEVICE_VERSION,        //103    应用设备版本号（4bit）
```

```c
23      SAMPLEAPP_FLAGS,                            //104 应用设备标志（4bit）
24      SAMPLEAPP_MAX_CLUSTERS,                     //105 输入簇命令个数
25      (cId_t *) SampleApp_ClusterList,            //106 输入簇列表的地址
26      0,                                          //107 输出簇命令个数
27      (cId_t *) NULL                              //108 输出簇列表的地址
28    };                                            //109
29
30    endPointDesc_t SampleApp_epDesc;              //115 应用端口
31    uint8 SampleApp_TaskID;                       //128 应用程序中的任务ID号
32    devStates_t SampleApp_NwkState;               //131 网络状态
33    uint8 SampleApp_TransID;                      //133 传输ID
34
35    void SampleApp_MessageMSGCB( afIncomingMSGPacket_t *pckt );//147
36    /**************************************************************
37                    应用程序初始化函数
38    **************************************************************/
39    void SampleApp_Init( uint8 task_id )          //173
40    {                                             //174
41      halUARTCfg_t  UartConfig;       //加  定义串口配置变量
42      SampleApp_TaskID = task_id;                 //175 应用任务（全局变量）初始化
43      SampleApp_NwkState = DEV_INIT;              //176 网络状态初始化
44      SampleApp_TransID = 0;                      //177 传输ID号初始化
45      // 应用端口初始化
46      SampleApp_epDesc.endPoint = SAMPLEAPP_ENDPOINT;//213 端口号
47      SampleApp_epDesc.task_id = &SampleApp_TaskID;//214 任务号
48      SampleApp_epDesc.simpleDesc                 //215 端口的其他描述
49          = (SimpleDescriptionFormat_t *)&SampleApp_SimpleDesc;//216
50      SampleApp_epDesc.latencyReq = noLatencyReqs; //217 端口的延迟响应
51      afRegister( &SampleApp_epDesc );            //220 端口注册
52      //串口配置
53      UartConfig.configured = TRUE;               //加
54      UartConfig.baudRate = HAL_UART_BR_115200;   //加 波特率为115200
55      UartConfig.flowControl = FALSE;             //加 不进行流控制
56      UartConfig.callBackFunc = NULL;             //加 回调函数:无
57      HalUARTOpen (0,&UartConfig);                //加 按所设定参数初始化串口0
58    }
59    /**************************************************************
60                    任务事件处理函数
61    **************************************************************/
62    uint16 SampleApp_ProcessEvent( uint8 task_id, uint16 events ) //248
63    {                                             //249
64      afIncomingMSGPacket_t *MSGpkt;              //250 定义指向接收消息的指针
65      (void) task_id;                             //251 未引参数task_id
66      if ( events & SYS_EVENT_MSG )               //253 判断是否为系统事件
```

```
67      {                                           //254
68          MSGpkt = ( afIncomingMSGPacket_t * ) osal_msg_receive
        ( SampleApp_TaskID );//255 从消息队列中取消息
69          while ( MSGpkt )                        //256 有消息?
70          {                                       //257
71              switch ( MSGpkt->hdr.event )        //258 判断消息中的事件域
72              {                                   //259
73                  case AF_INCOMING_MSG_CMD:       //266 端口收到消息
74                      SampleApp_MessageMSGCB( MSGpkt );//267
75                      break;                      //268
76
77                  //在此处可添加系统事件的其他子事件处理
78                  default:                        //288
79                      break;                      //289
80              }                                   //290
81              osal_msg_deallocate( (uint8 *)MSGpkt );//293 释放消息所占存储空间
82              MSGpkt = ( afIncomingMSGPacket_t * ) osal_msg_receive
        ( SampleApp_TaskID );//296 再从消息队列中取消息
83          }                                       //297
84          return (events ^ SYS_EVENT_MSG);        //300 返回未处理的事件
85      }
86      //用户事件处理
87
88      return 0;                                   //319 丢弃未知事件
89  }                                               //320
90  /****************************************************************
91              消息处理函数
92  pkt:指向待处理消息的结构体指针
93  ****************************************************************/
94  void SampleApp_MessageMSGCB( afIncomingMSGPacket_t *pkt ) //387
95  {                                               //388
96      uint8 *buf;
97      switch ( pkt->clusterId )                   //391
98      {                                           //392
99          case SAMPLEAPP_PERIODIC_CLUSTERID:      //393
100             buf=pkt->cmd.Data;
101             HalUARTWrite(0,"\r\n 温湿度数据如下:\r\n",osal_strlen("温湿度数据如下:")+4);
102             HalUARTWrite (0,"temp: ",osal_strlen ("temp: "));
103             HalUARTWrite (0,buf,2);
104             HalUARTWrite (0,"\r\nhumi: ",osal_strlen ("humi: ") +2);
105             HalUARTWrite (0,&buf[2],2);
106             HalUARTWrite (0,"\r\n",2);
107             break;                              //394
108     }                                           //400
```

(2) EndDevice.c 文件

EndDevice.c 文件文件的内容如下：

```
1    /*****************************************************************
2                         项目 11  制作温湿度采集器
3                         终端节点程序（EndDevice.c）
4    *****************************************************************/
5    #include "OSAL.h"                              //59
6    #include "AF.h"                                //61
7    #include "ZDApp.h"                             //63
8    #include "Coordinator.h"                       //65 改
9    #include "OnBoard.h"                           //68
10
11   #include   "dht11.h"
12
13   #define USER_THCOL_EVT 0x0001                  //用户事件:采集温湿度
14   //簇列表
15   const cId_t SampleApp_ClusterList[SAMPLEAPP_MAX_CLUSTERS] =//92
16   {                                              //93
17       SAMPLEAPP_PERIODIC_CLUSTERID,              //94
18   };                                             //96
19   //简单端口描述
20   const SimpleDescriptionFormat_t SampleApp_SimpleDesc =//98
21   {                                              //99
22       SAMPLEAPP_ENDPOINT,                        //100  端口号
23       SAMPLEAPP_PROFID,                          //101  应用规范 ID
24       SAMPLEAPP_DEVICEID,                        //102  应用设备 ID
25       SAMPLEAPP_DEVICE_VERSION,                  //103  应用设备版本号（4bit）
26       SAMPLEAPP_FLAGS,                           //104  应用设备标志（4bit）
27       0,                                         //105  输入簇命令个数
28       （cId_t *）NULL,                           //106  输入簇列表的地址
29       SAMPLEAPP_MAX_CLUSTERS,                    //107  输出簇命令个数
30       （cId_t *）SampleApp_ClusterList           //108  输出簇列表的地址
31   };                                             //109
32
33   endPointDesc_t SampleApp_epDesc;               //115 应用端口
34   uint8 SampleApp_TaskID;                        //128 应用程序中的任务 ID 号
35   devStates_t SampleApp_NwkState;                //131 网络状态
36   uint8 SampleApp_TransID;                       //133 传输 ID
37   afAddrType_t SampleApp_DstAddr;                //135
38
```

```
39    void  Send_TH_Data（void）；                    //发送温湿度数据
40    /********************************************************************
41                         应用程序初始化函数
42    ********************************************************************/
43    void SampleApp_Init（uint8 task_id）            //173
44    {                                               //174
45      halUARTCfg_t  UartConfig;                     //加  定义串口配置变量
46      SampleApp_TaskID = task_id;                   //175 应用任务（全局变量）初始化
47      SampleApp_NwkState = DEV_INIT;                //176 网络状态初始化
48      SampleApp_TransID = 0;                        //177 传输 ID 号初始化
49      //初始化消息发送的目的地址
50      SampleApp_DstAddr.addrMode = （afAddrMode_t）Addr16Bit;//203 改单播发送
51      SampleApp_DstAddr.endPoint = SAMPLEAPP_ENDPOINT;//204 改 目的地的端口
52      SampleApp_DstAddr.addr.shortAddr = 0x0000;//205 改 目的地的网络地址:协调器
53      // 应用端口初始化
54      SampleApp_epDesc.endPoint = SAMPLEAPP_ENDPOINT;//213 端口号
55      SampleApp_epDesc.task_id = &SampleApp_TaskID;//214 任务号
56      SampleApp_epDesc.simpleDesc                   //215 端口的其他描述
57             = （SimpleDescriptionFormat_t *）&SampleApp_SimpleDesc;//216
58      SampleApp_epDesc.latencyReq = noLatencyReqs;  //217 端口的延迟响应
59      afRegister（&SampleApp_epDesc）；              //220 端口注册
60      //串口配置
61      UartConfig.configured = TRUE;                 //加
62      UartConfig.baudRate = HAL_UART_BR_115200;     //加  波特率为 115200
63      UartConfig.flowControl  = FALSE;              //加  不进行流控制
64      UartConfig.callBackFunc = NULL;               //加  回调函数:无
65      HalUARTOpen（0,&UartConfig）；                 //加  按所设定参数初始化串口 0
66
67      P0SEL &= ~（1<<7）；                           //将 P0_7 设为普通 I/O 口
68    }
69    /********************************************************************
70                         任务事件处理函数
71    ********************************************************************/
72    uint16 SampleApp_ProcessEvent（uint8 task_id, uint16 events）//248
73    {                                               //249
74      afIncomingMSGPacket_t *MSGpkt;                //250 定义指向接收消息的指针
75      （void）task_id;                              //251 未引参数 task_id
76      if（events & SYS_EVENT_MSG）                  //253 判断是否为系统事件
77      {                                             //254
78        MSGpkt = （afIncomingMSGPacket_t *）osal_msg_receive（SampleApp_TaskID）;//255
      从消息队列中取消息
79        while（MSGpkt）                             //256 有消息?
80        {                                           //257
81          switch（MSGpkt->hdr.event）               //258 判断消息中的事件域
```

```
82              {                                          //259
83          case ZDO_STATE_CHANGE:                         //271 ZDO 的状态变化事件
84              SampleApp_NwkState =（devStates_t）(MSGpkt->hdr.status);//272  读设备状态
85              if（SampleApp_NwkState == DEV_END_DEVICE）    //273 改 若为协调器
86              {                                          //276
87                  osal_set_event（SampleApp_TaskID,USER_THCOL_EVT）;//加
88              }                                          //281
89              break;                                     //286
90          //在此处可添加系统事件的其他子事件处理
91          default:                                       //288
92              break;                                     //289
93          }                                              //290
94          osal_msg_deallocate（(uint8 *) MSGpkt）; //293 释放消息所占存储空间
95          MSGpkt =（afIncomingMSGPacket_t *）osal_msg_receive（SampleApp_TaskID）;//296
再从消息队列中取消息
96      }                                                  //297
97      return（events ^ SYS_EVENT_MSG）;                  //300 返回未处理的事件
98  }                                                      //301
99  //用户事件处理
100 if（events & USER_THCOL_EVT）                          //305 改
101 {                                                      //306
102     Send_TH_Data（）;                                   //加   发送温湿度数
103     // 再次触发用户事件
104     osal_start_timerEx（SampleApp_TaskID, USER_THCOL_EVT,//311 过 1s 后再设置事件
105                  1000）;                                //312 改
106     return（events ^ USER_THCOL_EVT）;                 //315 改 返回未处理完毕的事件
107 }                                                      //316
108
109 return 0;                                              //319 丢弃未知事件
110 }                                                      //320
111
112 /***************************************************************
113                  发送温湿度数据函数
114 ****************************************************************/
115 void  Send_TH_Data（void）
116 {
117   uint8 temp,humi,res,buf[4];
118   res=DHT11_Read_Data（&temp,&humi）;
119   if（res==0）
120   {
121     buf[0]=temp/10+0x30;
122     buf[1]=temp%10+0x30;
123     buf[2]=humi/10+0x30;
124     buf[3]=humi%10+0x30;
```

```
125     AF_DataRequest（ &SampleApp_DstAddr, &SampleApp_epDesc,//414 改
126                    SAMPLEAPP_PERIODIC_CLUSTERID,    //415
127                    4,                                //416 改
128                    （uint8*）buf,                    //417 改
129                    &SampleApp_TransID,               //418
130                    AF_DISCV_ROUTE,                   //419
131                    AF_DEFAULT_RADIUS ）;             //420 改
132     HalUARTWrite（0,"\r\ntemp: ",osal_strlen（"temp: "）+2）;
133     HalUARTWrite（0,buf,2）;
134     HalUARTWrite（0,"\r\nhumi: ",osal_strlen（"humi: "）+2）;
135     HalUARTWrite（0,&buf[2],2）;
136     HalUARTWrite（0,"\r\n 温湿度数据发送完毕!",osal_strlen（"温湿度数据发送完毕!"）+2）;
137     }
138  }
```

4. 程序编译与下载运行

本例中有协调器、终端节点 2 个节点，需要将节点程序分类编译，分别生成协调器和终端节点的程序，然后分别下载至 2 个 ZigBee 模块中。程序的编译与下载过程与项目 5 相同，在此不再赘述。

程序下载后，用串口线将计算机的串口与协调器、终端节点的串口相连，再打开串口调试助手，并设置好串行通信的参数，然后给协调器、终端节点上电，串口调试助手中就会显示节点的温度和湿度信息。其中与协调器相连的计算机中所显示的信息如图 11-8 所示，与终端节点相连的计算机中所示显示的信息如图 11-9 所示。

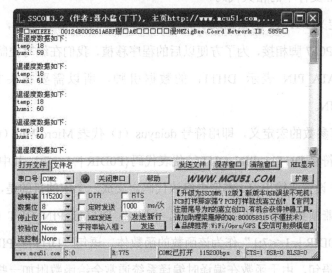

图 11-8 协调器中显示的数据

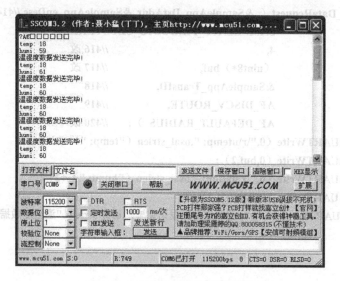

图 11-9 终端节点中显示的数据

程序分析

本例的程序中，Coordinator.c 文件的内容与项目 10 基本相同，DHT11.c 的内容已在 DHT11 的访问操作中作了详细介绍，在此我们只分析 DHT11.h 文件和 EndDevice.c 文件中的相关代码。

（1）DHT11.h 文件中的相关代码

第 13 行：定义 DHT11 的数据线引脚。由图 11-7 可知，在本例中，DHT11 的 DATA 引脚与单片机的 P0_7 脚相接，为了方便以后的程序移植，我们在编写控制程序时用自定义符号 DHT11_DATA_PIN 表示 DHT11 的数据引脚，所以需要在头文件中定义符号 DHT11_DATA_PIN。

第 15 行：有参数的宏定义，即用符号 delayus（t）代表 MicroWait（t）。

第 16 行：用符号 DHT11_PIN_OUT（）代表代码{P0DIR |=1<<7;}。其中"P0DIR |=1<<7;"的功能是将 P0_7 设置成输出口。本例中将该代码定义成一个宏的目的是，为了提高程序执行的速度同时又兼顾到程序代码的可移植性，如果将 DHT11_PIN_OUT（）定义成一个函数，且代码"{P0DIR |=1<<7;}"作为该函数的函数体，语句"DHT11_PIN_OUT（）;"就是一条函数调用语句，由于函数在编译时编译系统通常会给函数附加一些诸如参数的地址分配、参数赋值等附加的语句，调用一个函数通常会比直接执行该函数的函数体要慢一些，

在编写驱动程序时常常将一些与硬件操作相关的代码定义成一个宏，这样可以提高程序的执行速度，同时又兼顾到程序的可移植性。

第 17 行：用符号 DHT11_PIN_IN（）代表代码{P0DIR &=~（1<<7）;}。其中，"P0DIR &=~（1<<7）;"的功能是将 P0_7 设置成输入口。

（2）EndDevice.c 文件中的相关代码

第 11 行：包含头文件 dht11.h。dht11.h 是 dht11.c 文件的接口文件，其中包含了 DHT11 的引脚定义、相关操作函数的说明。

第 13 行：采集温湿度数据事件的定义，该事件是用户事件，其代码为 0x0001。

第 67 行：将 P0_7 设置成普通的 I/O 口。

第 87 行：当终端节点加入网络后立即设置采集温湿度数据事件。

第 100 行~第 107 行：判断是否有采集温湿度数据事件发生，若有，则调用函数 Send_TH_Data（）进行温湿度数据采集，并向协调器发送节点的温湿度数据，然后过 1 秒钟后再次设置采集温湿度数据事件。

第 115 行~第 138 行：函数 Send_TH_Data（）的定义。该函数的主要功能是，采集温湿度数据，并发送至协调器中。

第 118 行：调用函数 DHT11_Read_Data（）进行温湿度采集，若数据采集成功，则函数的返回值为 0，且将温度数据保存在 temp、湿度数据保存在 humi 中，若数据采集失败，则函数的返回值为 1。该函数的定义位于我们编写的 dht11.c 文件中，函数的 2 个参数均为指针，所以在调用该函数时需用温度、湿度变量的地址作为该函数的实参。语句中符号"&"为取地址运算符，&temp 表示变量 temp（温度）的地址。

第 119 行：对数据采集的结果进行判断，若数据采集成功（res 的值为 0），则执行第 121 行~第 136 行代码。

第 121 行：求温度的十位值，并转换成 ASCII 码，然后存入 buf[0]中。

第 122 行：求温度的个位值，并转换成 ASCII 码，然后存入 buf[1]中。

第 123 行：求湿度的十位值，并转换成 ASCII 码，然后存入 buf[2]中。

第 124 行：求湿度的个位值，并转换成 ASCII 码，然后存入 buf[3]中。

第 125 行~第 131 行：向协调器发送数组 buf[]中的 4 个字节数据，即发送节点采集的温湿度数据。其中，SampleApp_DstAddr 和 SampleApp_epDesc 是全局变量，对它们赋值的语句位于第 50 行~第 58 行。

第 132 行~第 136 行：用串口输出提示信息。

实践总结

DHT11 是一种带有单总线接口的数字化温湿度传感器，它有数据引脚、电源引脚和接地引脚共 3 个引脚，单片机与 DHT11 连接的方法是，单片机用一根 I/O 口线充当单总线，总线上接有一个 4.7~10kΩ 的上拉电阻，然后将 DHT11 的数据输出引脚接在单总线上。如果单片机的 I/O 口内有上拉电阻，则单总线上可以不接上拉电阻。

单片机对 DHT11 的访问操作包括初始化操作和读数据操作 2 种，编写访问 DHT11 程序的依据是 DHT11 的访问操作时序。在编写 DHT11 访问程序时要特别注意的是，单片机应该在何时将总线清 0，总线低电平持续的时间有多长，单片机应该何时将总线置 1，单片机释放总线的时间有多长，DHT11 是何时将数据传送到总线上的，0 和 1 是怎么表示的，单片机应该在何时从总线上读取数据。另外，还要注意的是，在一个字节数据传送的过程中，数位传送的先后顺序，这一点决定了软件程序中读字节数据时的移位方向。

DHT11 的初始化过程是，单片机先将总线拉低至少 18ms，过 20~40μs 后 DHT11 将输出宽度为 80μs 的低电平，再过 80μs 后开始传送数据。因此单片机产生 18ms 的低电平后，应该释放总线，并转入接收数据模式，过 40μs 后开始读总线信号，然后等待 DHT11 输出的低电平（应答信号）结束，再等待 DHT11 输出的高电平结束。

DHT11 发送数据的时序是，每位数据以低电平作为数位的开始，高电平持续时间的长短表示数据是 0 还是 1，在一个字节数据的传输过程中，先发送低位后发送高位。在编写读数程序时应该在检测到 DHT11 输出高电平后，再过 30μs 通过检测总线上信号是否为高电平来判断 DHT11 当前发送的是 0 还是 1，每接收一位数据应将接收数据左移一位。

在协议栈中使用 DHT11 传感器的方法是，先编写好 DHT11 的驱动程序，然后在节点的程序文件的开头处定义一个读 DHT11 事件，再在应用初始化函数中将与传感器相接的 I/O 口设置为普通的 I/O 口，最后在事件处理函数中，在节点加入网络时设置读 DHT11 事件，然后在读 DHT11 事件的处理程序中读取 DHT11 的温湿度数据，并对温湿度数据进行处理。

习题

1. 在 ZStack 中，宏 MicroWait（t）的定义位于_____组的_____文件中，其功能是_____。

2. 在程序中若要使用宏 MicroWait（t），则需在程序文件的开头处包含头文件_____，其语句是_____。

3. 请画出 DHT11 与单片机的接口电路。
4. 若 DHT11 的数据引脚与单片机的 P0_1 脚相接,请写出 DHT11 的初始化程序。
5. 请写出从 DHT11 中读取一个字节数据的程序。
6. 请写出从 DHT11 中读取温湿度数据的程序。
7. 简述在 ZStack 中使用 DHT11 传感器的方法。

附录 A ZigBee 模块原理图

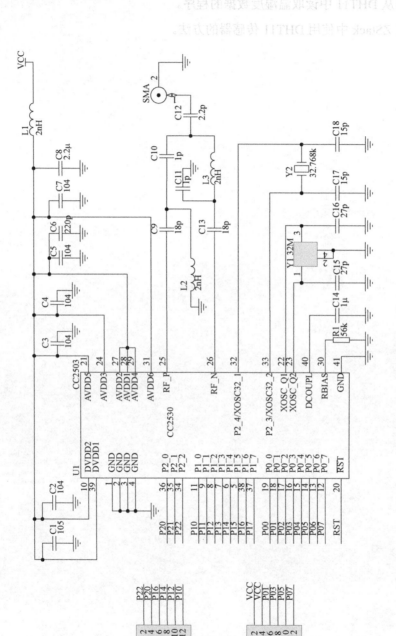

图 A-1 核心板原理图

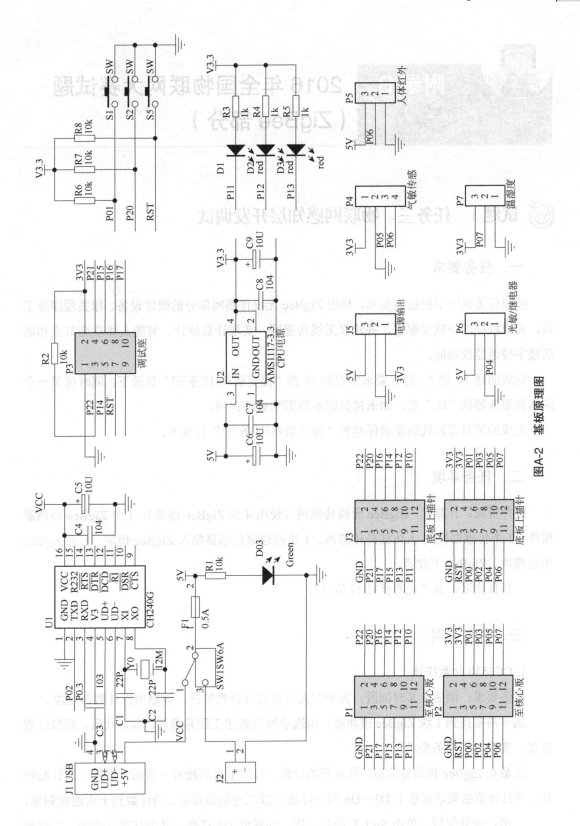

图 A-2 基板原理图

附录 B　2016 年全国物联网大赛试题（ZigBee 部分）

🎯 试题 1　任务三　物联网感知层开发调试

一、任务要求

按照任务说明中的描述要求，利用 ZigBee 无线传感网部分的硬件设备、相关程序及工具，完成程序的下载及配置，并建立无线传感网，实现计数统计、智能人体欢迎节点和酒店楼宇楼道监控功能。

完成的题 1、题 2、题 3 要求保存到 U 盘"提交资料\任务三\"目录下；同时拷贝一个副本到服务器的"D:"盘，如未拷贝副本将影响成绩评判。

完成的项目工程代码要求保存到"提交资料\任务三\"目录下。

二、任务环境

硬件资源：计算机，ZigBee 无线传感网（使用 4 块 ZigBee 模块）：1 个 ZigBee 协调器模块、1 个传感器模块-人体红外传感器、1 块四通道传感器输入 ZigBee 模块、1 个 ZigBee 单板模块、ZigBee 下载器；

软件资源：见"竞赛资料\任务三"。

三、任务说明

1. CC2530 计数统计

任务要求：酒店在某时间段，需要对人流量进行计数统计，该题模拟计数器功能。

选手需要找到 1 块 ZigBee 模块板，由选手独立新建工程并编写、编译代码，模拟计数效果，实现以下任务要求。

计数从 ZigBee 模块复位后，从 0 开始计数，每按下直到松开一次后，进行一次计数统计。并且计数结果通过板上 D3~D6 四个灯进行以二进制数显示。当计数到十六进位归零。

例：当复位后，单击 Sw1 后松开一次，面板的 D5 灯亮，其余灯灭（表示：二进制

0001），当单击第二次后松开，D6 亮其余灯灭（表示：0010），具体二进制表示方法见下表。

面板 LED	D4	D3	D6	D5
二进制（位）	D3	D2	D1	D0

将这块 ZigBee 板贴上"题 1"的标签后放在右实训工位桌面上，接上电源，待裁判评判。

补充说明：在"竞赛资料\任务 3\参考文档"中提供 ZigBee 模块板电路原理图和参考资料供选手开发参考。

选手需要新建工程完成，自行编写文件和函数，不借助源文件。

2. 智能欢迎节点设计

使用 ZigBee 模块板加载红外人体传感器，当检测到有人进入时，立即开启跑马灯，当检测无人时，实现跑马灯效果 3 次循环后（完成①～③流程，3 次循环，含本次当前的跑马灯流程），再停止跑马灯效果。直到下次再次检测到有人时，开启跑马灯。跑马灯要求流程如下：

① D4 亮，其他灭，延时 0.5s→D3 亮，其他灭，延时 0.5 s→D6 亮，其他灭，延时 0.5 s→D5 亮，其他灭。

② 四个灯全亮。

③ D5 灭，其他亮，延时 0.5 s→D5、D6 灭，D3、D4 亮，延时 0.5 s→D5、D6、D3 灭，D4 亮，延时 0.5s→四个灯全灭

④ 后续重复①～③流程。

另外，每次红外人体传感器检测到有人时，每隔 1s，通过串口发送"有人进入"（字符串）信息给服务器 PC。没有人进入时，每隔 1s 发送"无人"数据给服务器 PC。

注意：选手新建工程将 rt.c 添加到工程，并编写 rt.c 文件，指定位置实现上述功能。该文件串口已配置为波特率 38400。选手需要在 InitPort 函数中完成，GPIO 初始配置，并且选手需要在已定时 0.1 秒的 T1_ISR（void）函数中实现定时和相应功能。

安装注意事项：

● 将这块 ZigBee 红外人体传感器模块通过串口线连接串口服务器。

● 将这块 ZigBee 安装在指定工位的功能区。

● 如没按照上述要求，进行模块串口连接和部署安装，给予扣分处理。

3. ZigBee 智能楼宇环境监测及楼道灯组

任务要求：该任务模拟智能楼道的智能灯光的控制和环境监控功能，按照竞赛提供 U 盘下的"竞赛资料\任务 3\题 3\ZigBee 智能楼宇"目录下提供的源代码，进行调试和开发。

选手需要找到 1 个 ZigBee 模块作为协调器，以及找到 1 块 ZigBee 模块板作为终端节

点，该 ZigBee 终端配合使用 ZigBee 模块自身的 4 个 LED 和 4 输入模拟量模块，完善 ZigBee 组网功能项目，实现宾馆楼道环境信息采集功能和灯光控制功能。

参赛选手根据赛位号设置该两块 ZigBee 模块信道为【11+赛位号求余 16】，PAN ID 为 0x3000+【0x 赛位号】。例如赛位号为 100，则信道为【11+100%16】的结果设置信道、PAN ID 为 0x3100。

注：选手需要按照上述的指定要求进行程序设计和项目实现，否则给予扣分处理。

- 协调器需要通过串口线与串口服务器连接，并完成协调器的功能。
- 另选取一个 ZigBee 终端模块结合 4 输入模拟量模块使用，完成下述功能：作为环境监控节点功能，在加入上述协调器创建的网络后，每隔 2 秒通过无线方式发送 4 路模拟量的采集结果，需要含有温度、湿度以及光照数据，并通过协调器转发到服务器 PC 端。发送到 PC 服务器的数据帧格式如表 B-1 发送四通道数据帧格式。

表 B-1 WSN 发到 PC 的四通道数据格式

含义	帧头		长度	命令	IN1		IN2		IN3		IN4	
举例（字节）	0xFB	0xFA	0x0C	0x01	低位	高位	低位	高位	低位	高位	低位	高位
说明	固定内容		帧总长字节数	4 通道数据指令	低位在前高位在后							

备注：

电流= 3300*[INxH INxL]/1023/150（mA）

- 3300 电源（满量程电压值 3.3V）1023 满量程的 AD 值,150 是电流采样电阻。
- 温度：0～50 摄氏度。
- 湿度：测量范围为 0～100%。
- 光照：测量范围为 0～20000。
- 针对上述该终端节点，ZigBee 终端模块结合自身 LED 可作为灯光控制节点功能使用。在加入上述协调器创建的网络后，通过接收由协调器转发上位机 PC 的控制软件发送的 LED 灯光控制命令进行相应的控制具体格式同见表 B-2、表 B-3。

表 B-2 接收 LED 控制数据帧格式

含义	帧头		长度（字节数）	命令	灯光控制
举例	0xFB	0xFA	xxx	0x02	数据（1Byte）
说明	固定内容		数据帧总长	灯光控制命令	参见下面表 3

- 灯光控制数据说明：字节的低 4 位表示 4 个 LED 的状态控制数据，例如：

表 B-3 灯光控制数据

位	Bit7	Bit6	Bit5	Bit4	Bit3	Bit2	Bit1	Bit0
说明	×	×	×	×	LED D3	LED D4	LED D5	LED D6
	×表示无关				1：亮 0：灭	1：亮 0：灭	1：亮 0：灭	1：亮 0：灭

补充说明：

- 请参赛选手打开"竞赛资料\任务三\题 3"中的工程文件进行编程。
- 根据赛位号设置信道和 PAN ID。通过完成各自设备种类的 ChannelPanidInit 函数设计。
- 完善 Coord.c 和 DemoAppCommon.c 中的代码，实现任务功能要求。
- 在 DemoAppCommon.c 作答区 1 中完成串口 0 的配置，并打开串口 0。
- 在作答区 2 中，完成协调器的 zb_ReceiveDataIndication 函数的设计，实现无线数据接收。
- 在作答区 3 中，完善 uartRxCB 串口接收函数。
- 完善 Enddev1.c 中的代码，实现任务功能要求。
- 在作答区 4 中实现，每隔 2 秒的定时事件的编写。
- 在作答区 5 中，在 sendDummyReport 函数中，无线发送采集 4 路模拟量的 AD 转换结果值。
- 在作答区 6 中，完成无线接收函数，实现收到的 LED 控制的命令，控制相应的 D3～D6 的 LED 灯功能。
- 注意事项：

完成程序设计后，需要将程序分别下载到 2 块 ZigBee 模块内，并将协调器模块放在实训左工位桌面上，接通电源待裁判检查。

此题需要：使用"检测工具\任务 3\题 3\检测工具"进行检测。

试题 2 任务三 物联网感知层开发调试

一、任务要求

按照任务说明中的描述要求，利用 ZigBee 无线传感网部分的硬件设备、相关程序及工具，完成程序的下载及配置，并建立无线传感网，实现智能商超财务中心窗户区域的安防联动功能。

完成的题 1、题 2、题 3 要求保存到 U 盘"提交资料\任务三"相应目录下，同时拷贝一个副本到服务器的"D 盘"目录下，如未拷贝副本将影响成绩评判。

二、任务环境

硬件资源：计算机，ZigBee 无线传感网（6 块 ZigBee 模块板、1 个 ZigBee 协调器模块、2 个继电器模块、2 个传感器模块（光照传感器、人体红外）、ZigBee 下载器）。

软件资源：见"竞赛资料\任务三"。

三、任务说明

1. CC2530 计数统计

任务要求：

商场在某时间段，需要对人流量进行计数统计，该题模拟计数器功能：选手需要找到 1 块 ZigBee 模块板，由选手独立新建工程并编写、编译代码，模拟计数效果，实现以下任务要求。

计数从 ZigBee 模块复位后，从 0 开始计数，每按下直到松开一次后，进行一次计数统计，并且计数结果通过板上 D3～D6 四个灯进行以二进制数显示。当计数到 16 进位归零。

例：当复位后，单击 Sw1 后松开一次，面板的 D5 灯亮，其余灯灭（表示：二进制 0001），当单击第二次后松开，D6 亮其余灯灭（表示：0010），具体二进制表示方法见下表。

面板 LED	D4	D3	D6	D5
二进制（位）	D3	D2	D1	D0

备注：将这块 ZigBee 板贴上"题 1"的标签后放在左实训工位桌面上，接上电源，待裁判评判。

补充说明：

在"竞赛资料\任务三\参考文档"中提供 ZigBee 模块板电路原理图供选手开发参考。

选手需要新建工程，使用"竞赛资料\任务 3\题 1\main.c"文件，编写 IO 中断部分实现该功能。

2. 霓虹灯灯光效果

该任务模拟大门霓虹灯的效果，模拟光照强度对霓虹灯的自动控制。

选手需要找到两个 ZigBee 节点：一个作为主节点，另一个作为从节点。

PAN ID 设为：0x3000+0x 组号，如组号为 40，则 PAN ID 为 0x3040。

主节点安装光照传感器，当用手挡住该光照传感器（模拟黑夜效果），通过无线方式开启从节点 ZigBee 单板上 D3～D6 四个跑马灯效果。跑马灯效果为：板上 D3～D6 四个灯每隔 1s 流水点亮，每次只点亮一个灯。

当手移开后（模拟白天效果），通过无线方式立即停止从节点的跑马灯效果，四个灯全灭。

将这 2 块 ZigBee 板分别贴上"题 2 主节点"和"题 2 从节点"的标签后放在右实训工位桌面上，接上电源，待裁判评判。

补充说明：

- 在对 U 盘提供的源代码进行编写时，有些代码可以写在指定位置区域外（如定义全局变量时）。

- 在"竞赛资料\任务三\参考文档"中提供 ZigBee 模块板电路原理图和说明文档供选手开发参考。

3. ZigBee 安防网络

按照竞赛提供 U 盘下的"竞赛资料\任务三\题 3"目录下提供的源代码，完善 ZigBee 安防网络的设计。

设计要求：

- 参赛选手将拿到 4 块 ZigBee 模块板，实现 ZigBee 安防网络。

- 参赛选手需对这 4 块 ZigBee 模块板设置，其中 Channel 选手自定义（为防止干扰），PAN ID 为 0x8000+0x 组号，如组号为 40，则 PAN ID 为 0x8040，由代码实现，协调器串口波特率为 115200。

- 节点间的通信协议选手可自定义，协调器串口发送、接收数据格式须包含如下部分，校验值取"设备类型位"到"命令位/数据位"累加和低 8 位。

起始位 （1Byte）	设备类型位 （1Byte）	地址位 （1Byte）	命令数据位 （1Byte）	校验位 （1Byte）

- 装有人体红外热释电传感器的节点模块加入协调器网络后，间隔 2 秒左右通过无线发送一次人体红外热释电传感器状态值并发送给协调器，协调器通过 ZigBee 和串口同时传输获得的数据。

- 继电器节点 1 号模块控制报警器，当检测到有人时，继电器控制行政管理中心的报警器闪烁。

- 继电器节点 2 号模块控制财务中心的 LED 灯，当检测到有人时，继电器控制 LED 灯打开。

- 将开发好的程序分别下载到 ZigBee 协调器（主控器）、红外人体传感器模块、2 个继电器模块。

- 开发完毕后，将协调器贴上标签"题 3 协调器"连接到服务器 COM8 端口，没有按要求连接，酌情扣分。（备注：此处是 COM8 口，非考题错误，选手自行解决。）

- 开发完毕后，除协调器外其他设备安装到工位的相关区域上。

补充说明：

● 请参赛选手打开本题的工程文件进行编程，此工程已设置好相应编程环境，参赛选手可以直接在上面进行二次开发。

● 请参赛选手在 Coord1 配置内的 Coord1.c（题 3 协调器）实现协调器代码，在 Enddev1 配置内的 Enddev1.c（题 3 节点 1）实现人体红外热释电传感器节点模块代码，在 Enddev2（题 3 节点 2）配置内的 Enddev2.c 实现继电器节点模块代码。

● 参赛选手根据以下功能要求进行编程（参考文档有竞赛函数说明文档供选手参考使用）：在 Coord1.c、Enddev1.c、Enddev2.c 内的 ChannelPanidInit 函数内对信道和 PAN ID 进行判断并修改为正确的信道和 PAN ID。（评委会查看该代码）

● 在协调器和两个终端节点设置相同信道和 PAN ID 后，各个模块会自动组网。当终端节点加入到协调器网络时（即建立 ZDO_STATE_CHANGE 事件），工程已处理完毕此事件，参赛选手只需补充终端节点与协调器的 ZigBee 无线发送和无线接收事件。

● 工程的配置如有错误选手需自行处理，不提供技术支持。

【说明】

受篇幅限制，我们在附录中只列出试题 1、试题 2 中的相关考题，试题 3~试题 10 中的相关考题请查阅本书配套资源。